Genética forense aplicada

Claves para comprender e interpretar la evidencia del ADN

Ana Lourdes Rojo Nava

CADUCEUS

GENÉTICA FORENSE APLICADA
Claves para comprender e interpretar la evidencia del ADN

Editado por: Corporación Ígneo, S.A.C.
para su sello editorial Caduceus
José Olaya 169, Ofic. 504, Miraflores. Lima, Perú
Primera edición, junio, 2026

ISBN: 978-956-424-175-3

Registro de Indautor: 03-2026-011616513900-01

Se terminó de imprimir en junio de 2026 en:
ENOTRIA S.A.
Av. Nicolás Ayllón 2890. Ate, Lima – Perú

www.grupoigneo.com
Correo electrónico: contacto@grupoigneo.com | Teléfono: +51 955 071 270
Facebook: Grupo Ígneo | X: @editorialigneo | Instagram: @grupoigneo

Nota de la autora: las ilustraciones de esta obra son representaciones esquemáticas generadas con la asistencia de herramientas tecnológicas con el fin de facilitar la comprensión visual de los conceptos aquí expresados.

Contenido

Dedicado a:
Mis padres, Marcos y Herminia;
mi abuela, Ana María;
mi hija, Ana Lilia;
«mi hijo», Ulises;
mi nieta, Ana Romina;
mi amiga, Xóchitl;
los peritos en genética forense de México;
las víctimas del sistema procesal penal mexicano y
a los desaparecidos de mi país.

Introducción

Los análisis genéticos son cada vez más visibles y audibles en los medios de comunicación especialmente en contextos criminalísticos; incluso, han despertado un gran interés en el público general, particularmente a través de series policíacas y contenidos de investigación. Sin embargo, cuando nuestros estudios o nuestra profesión nos exigen un conocimiento más profundo sobre el tema, tenemos que acudir a libros que expliquen las bases científicas, conocimiento avanzado… ¡o más allá! Comprenderlos no siempre es posible, entre otras razones, porque nuestra experiencia profesional o nuestra formación personal no nos auxilia a dominar el tema.

A lo largo de mis profesiones, pude percatarme de la dificultad que tienen algunos especialistas para entender términos genético-criminalísticos-jurídicos o, ¡lo que es peor, pude advertir que los usan erróneamente! Dos de las principales causas de esto son:

1. Porque existen unos cuantos libros en español que **realmente** tratan el tema, o
2. porque están demasiado especializados para ser comprendidos por principiantes.

Aunado a lo anterior, también me he percatado de que varios agentes del Ministerio Público o abogados defensores utilizan la pericial en genética forense sin encaminarla a su teoría del caso, concibiendo varios puntos errados:

a. Que es el único análisis pericial que le puede dar un enfoque científico,
b. que solo así podrán obtener más datos de prueba, o
c. que cualquier persona podría interpretar resultados y concluir apoyándose en estos, **¡falso!**

No puedo ser incólume ante la desesperanza y la tristeza de tantas personas desaparecidas, ni ante la crisis forense y de inseguridad que hoy vive mi país. Creo sinceramente que esta situación puede tornarse y que solo falta voluntad gubernamental. Considero también que, como sociedad, nos falta brío para seguir preparándonos y aprendiendo día a día de muchos y variados temas, pero sobre todo de aquellos que tienen que ver con recursos que maneja el gobierno en todos sus niveles, para que así la información pública pueda ser analizada de manera crítica y fundamentada. Quiero insistir en los temas legales porque en los medios de comunicación y redes sociales considero que se utilizan de manera onerosa y, en muchas ocasiones, incomprendida e indiscriminada, lo que confunde y, reitero, favorece a que muchas personas que desafortunadamente han tenido que lidiar con ellos sean engañadas e incluso timadas.

Son estas las razones que me decidieron a compartirte esta guía, la cual, independientemente de tu formación o experiencia, y simplemente por tu interés, **te hará entender varios temas**, tales como:

- Los análisis genético-forenses,
- las bases de datos genéticos,
- ¿por qué las periciales genético-forenses, o de paternidad, se expresan en términos probabilísticos?,
- ¿por qué es erróneo aseverar que «el perfil genético obtenido es único e irrepetible»?, y
- ¿por qué México no cuenta con una base nacional de datos genético-forenses?

No necesitas tener una licenciatura ni una especialidad forense; solo necesitas estar interesado, querer despejar tus dudas y una gran voluntad para acabar con tus errores sobre estos temas.

Esta guía rápida está diseñada para acompañarte en la comprensión progresiva de estos.

¡Te invito a disfrutar su lectura! Pues, conforme avances podrás ver que, lejos de que el tema «sea difícil o incomprensible», más bien es... ¡«apasionante»!

Capítulo I: nociones en genética forense

Sección I: generalidades del ADN

El ADN, ácido desoxirribonucleico, es la molécula que contiene la información genética y como su nombre lo indica, es uno de los dos tipos de ácidos que existen en el núcleo celular, aunque también se encuentra en las mitocondrias de todas las células eucariotas. El otro ácido es el ribonucleico, o ARN, la diferencia fundamental radica en la molécula de azúcar, ribosa, la cual tiene el grupo funcional *-OH* en el extremo 2', mientras que en el ADN, este grupo es sustituído por un átomo de -H, de ahí el término desoxi.

Si observamos el cuerpo humano en sus distintos niveles, podemos pasar de aparatos y sistemas a los órganos y células que los componen; al entrar a esas células podemos distinguir: citoplasma y núcleo; y al adentrarnos en el núcleo distinguimos unos corpúsculos densos y supercompactados, precisamente ¡para que puedan caber ahí!, llamados cromosomas, si, además, pudiéramos desenrollarlos y desenrollarlos y desenrollarlos hasta lograr ver las dos hebras que los componen, junto con unas moléculas adyacentes llamadas histonas, que ayudan precisamente a mantener esa compactación, ¡estaríamos viendo el ADN! Como nuestra vista es tan potente para poder ver átomos y moléculas, ahora somos capaces de distinguir los componentes de esos ácidos, como son una molécula de azúcar llamada ribosa, una base nitrogenada, ya sea púrica o pirimídica, y una molécula de fosfato (PO_3), como lo podemos apreciar en la fig. 1.

Ya mencionamos que si la molécula de azúcar tiene o no el grupo *-OH* es lo que marca la diferencia entre uno y otro ácido nucleico, pero también los diferencian los tipos de bases nitrogenadas que posean, ya que el ARN contiene las bases A, G, C y U y el ADN contiene A, G, C y T. Esta naturaleza química del ADN, azúcar-base nitrogenada-fosfato, y su arreglo tridimensional, son los que precisamente les confieren sus propiedades físicoquímicas, que son aprovechadas para realizar análisis forenses y lograr enormes avances en muchas ramas de la biología molecular y la medicina genómica.

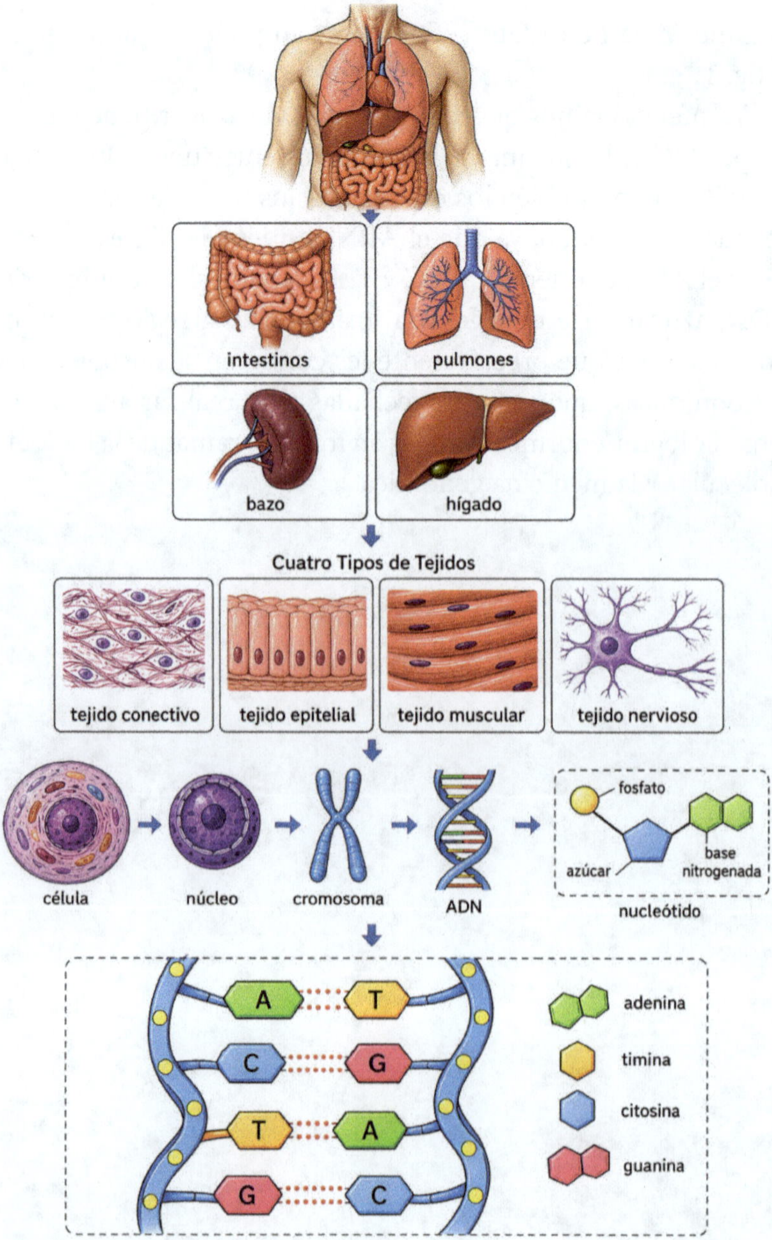

Fig. 1. Representación gráfica de los niveles de organización biológica desde el organismo humano hasta la estructura molecular del ADN.

Ya mencionamos que además de existir el ADN nuclear, también existe el ADN mitocondrial, que como su nombre lo indica, se encuentra en las mitocondrias. Estas son unos tipos de organelos celulares cuya función es proveer a la célula de la energía necesaria para realizar sus funciones, fig. 2.

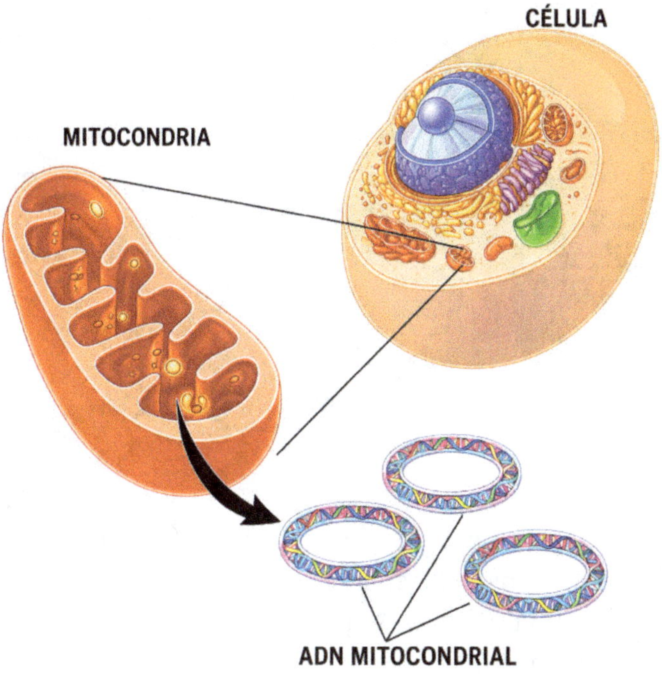

Fig. 2. Representación gráfica de una célula eucariota con las mitocondrias y el ADN mitocondrial.

El ADN mitocondrial, por su ubicación en la célula, tiene otro tipo de herencia diferente a la del ADN nuclear, que es del tipo mendeliana. La herencia del ADN mitocondrial es solo por vía materna, ya que, como sabemos, en la fertilización principalmente se incorporaría el material nuclear del espermatozoide, y las mitocondrias provendrían casi exclusivamente del óvulo, fig. 3.

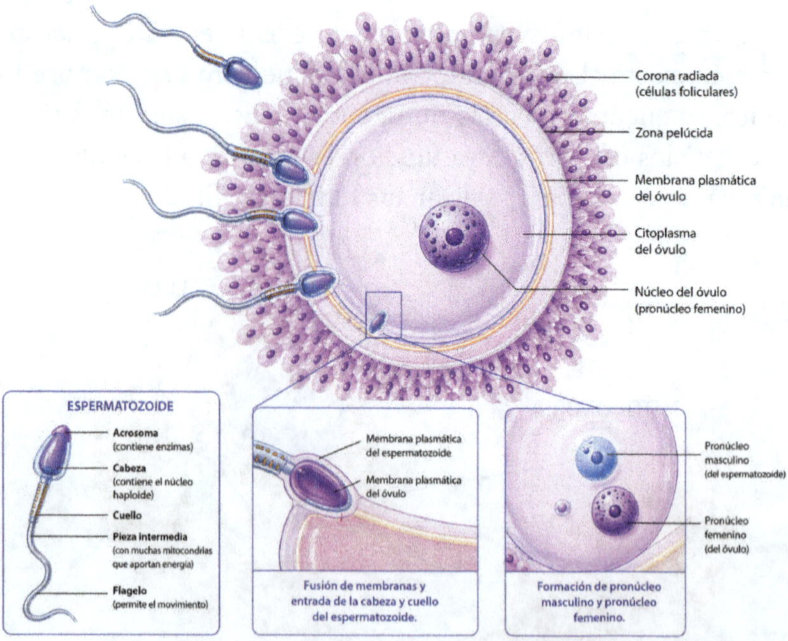

Fig. 3. Representación gráfica de la fecundación.

Como lo que nos interesa en esta guía rápida son los avances de la genética relacionada con el Derecho y, más precisamente, con el Derecho Penal o Civil, en el próximo capítulo estaremos revisando la genética forense; pero podemos adelantarnos un poco conociendo que:

a. Tanto el ADN nuclear como el ADN mitocondrial se utilizan para establecer filiaciones y coincidencias genéticas,
b. El ADN nuclear nos será útil cuando tengamos ambos progenitores, sólo uno, o contemos además con hermanos o hermanas, o parientes en segundo grado, como lo serían los tíos de la persona que queremos identificar; y
c. El ADN mitocondrial nos servirá solamente para establecer linajes maternos, es decir, para reconocer a la línea que proviene de mi abuela, madre, yo misma, mis hijos, mis nietos (hijos/hijas de mi hija), pero no permite diferenciar individuos de una misma línea materna.

Sección II: análisis forense del ADN

El análisis forense del ADN ha tenido muchos cambios a lo largo del siglo pasado y ¡no se diga en el actual! Los análisis genético-forenses y de paternidad se basan principalmente en el análisis del ADN nuclear y mitocondrial. No obstante, debido a que el análisis del ADN mitocondrial requiere de más pasos analíticos, invirtiéndose más reactivos y uso de equipos especializados, y a que la información que proporciona es, como ya lo mencionamos, solamente para establecer líneas de origen materno, el análisis del DNA nuclear es el más utilizado, por ser más informativo, pues nos permite establecer parentescos entre distintos familiares en primero y segundo grado.

Hacia finales del siglo XX pasamos de analizar fragmentos de ADN muy extensos a estudiar regiones mucho más cortas y específicas. Asimismo, pasamos de analizar fragmentos no codificantes para proteínas a fragmentos como algunos SNPs (*Single Nucleotide Polymorphisms*, por sus siglas en inglés),que pueden asociarse con características fenotípicas.

Para el análisis forense del ADN nuclear se han utilizado diversos fragmentos que, incluso, ya están en desuso, como los RFLPs o los VNTRs. Actualmente, los STRs (*Short Tandem Repeats*, por sus siglas en inglés) —fragmentos cortos de repetición en bloque— son los marcadores que, por sus características genéticas, como ser no codificantes, tener herencia tipo mendeliana y codominante, esto es, la mitad de la información genética la heredamos de mamá y la otra mitad de papá, y ambas se expresan, y ser heredados de manera independiente, por encontrarse en distintos cromosomas o en lugares independientes del mismo cromosoma; son los más utilizados desde hace ya varios años y, lo mejor, ¡en laboratorios de genética forense de todo el mundo!

¿Cómo trabajan estos STRs? Lo revisaremos enseguida, pero antes creo necesario recordar que en los años noventa se utilizaban 13 marcadores que fueron consensados por el CODIS (*Combined Index System*, por sus siglas en inglés), que es la base de datos genéticos que utiliza Estados Unidos y que, como veremos en el capítulo IV, tiene alcance a nivel mundial, incluido México. Revisemos entonces: los marcadores genéticos tipo STRs, fig. 4, son los que actualmente utiliza el CODIS. Estos marcadores están repartidos en casi todo el genoma humano; por ejemplo, vemos tres en el cromosoma 2, uno en el cromosoma 7, dos en el cromosoma 12, etc., y todos juntos proporcionan una probabilidad de coincidencia extremadamente baja entre individuos no relacionados, del orden de 1 entre un trillón o más, cifra que supera por mucho a la población mundial actual.

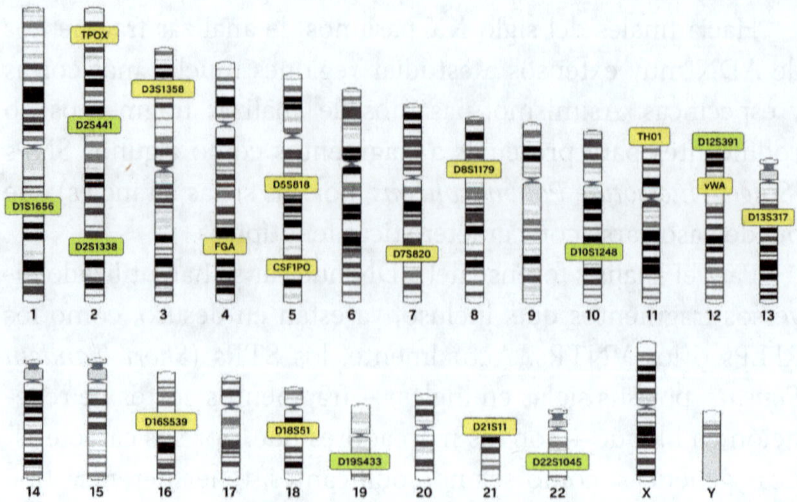

Fig. 4. Representación gráfica de algunos marcadores genéticos y su ubicación en los cromosomas.

Como su nombre lo indica, estos fragmentos cortos, compuestos de 200 a 500 pb aproximadamente, se repiten en bloque y es el número de repeticiones lo que nos hace diferentes entre individuos. Como vemos en la fig. 5, la mujer tiene seis repeticiones de ese fragmento en uno de sus cromosomas y ocho repeticiones del mismo fragmento en su otro cromosoma, perteneciendo estos al mismo par; par que, como ya revisamos, uno se lo dio papá y otro se lo dio mamá. En la misma imagen, el varón tiene cinco y cinco repeticiones; por lo tanto, los genotipos de ambas personas serán diferentes entre sí. La mujer sería genotipo 6,8 y el varón genotipo 5,5.

En la fig. 5 estamos representando solo un marcador, pero actualmente se utilizan de 20 a 24 marcadores. Cada marcador utilizado tiene de 4 a 26 números (alelos), que estarían representando el número de repeticiones de cada bloque. Al combinar los resultados que podríamos obtener en un solo marcador y combinarlos entre los 24 marcadores actualmente utilizados, estaríamos obteniendo un número de combinaciones ¡mayor a la población mundial actual!, y esta es la razón por la que durante mucho tiempo los perfiles genéticos se consideraron únicos e irrepetibles. Actualmente conocemos que podemos individualizar entre personas pertenecientes a la misma familia, excepto en gemelos monocigóticos, y determinar su poder de discriminación utilizando valores probabilísticos.

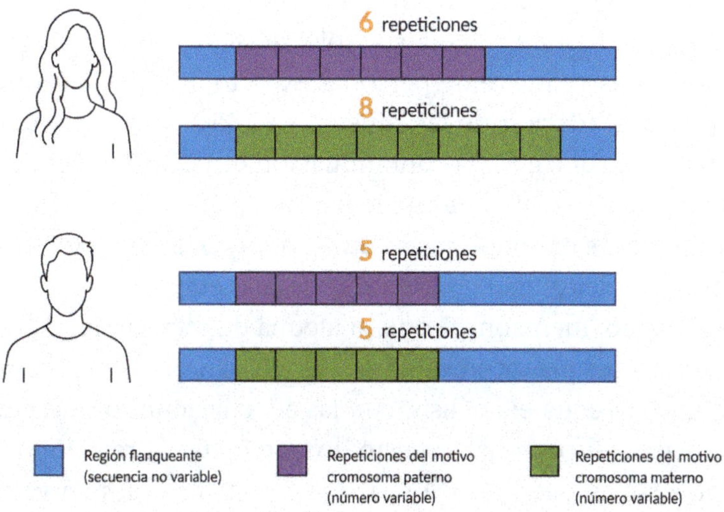

Fig. 5. Representación gráfica de los STRs.

En los STRs no solamente se analizan regiones autosómicas, también se consideran las regiones localizadas en los cromosomas sexuales; estos sólo son de dos tipos, el «X» y el «Y», nombre que se les da debido a la forma que presentan, vistos al microscopio, cuando se desarrollan cariotipos. Las mujeres presentan dos cromosomas «X» y los varones presentan un cromosoma «X» y uno «Y».

El cromosoma «Y», a diferencia del «X», es el más analizado de los dos, debido a que presenta una región no recombinante y altamente polimórfica que se utiliza con fines de establecer linajes paternos; esto es, para seguir la línea que asciende-desciende de los parientes de un abuelo, un padre, unos tíos y primos paternos, unos hijos varones, etc. El análisis de este cromosoma sexual es muy parecido al de los autosomas y su interpretación... ¡relativamente fácil! La información obtenida a partir del cromosoma «Y» no nos permitirá individualizar varones que compartan una misma línea paterna, pero aunada a la proporcionada por los autosómicos aumentará el poder de discriminación.

Por su complejidad, no trataremos el análisis genético forense y cada una de sus etapas; solo señalaré que es bastante laborioso, que requiere de personal experto, instalaciones que eviten la degradación de las muestras biológicas por analizar, equipamiento que evite la contaminación de cada producto que se obtiene en cada una de las etapas del análisis, validación de cada uno de los métodos que se utilizan, y que también requiere de controles de calidad en cada una de esas etapas.

Asimismo, mencionaré que, si alguna de estas no resulta en lo esperado, los protocolos que se utilizan generalmente instruyen a que se repita el análisis, con las adecuaciones pertinentes que señalará el personal experto, lo que conlleva más tiempo, más recursos y desesperación de los directivos, pues en varias ocasiones no entienden la razón de esta acción y solo les interesa «dar resultados» y «cumplir con las estadísticas».

Después de haber «superado» cada una de las etapas del análisis genético, con la respectiva aprobación de los controles de calidad, contamos con nuestro resultado, que serían los perfiles genéticos. Necesitamos ahora contar también con los otros con los cuáles se compararán. Esta comparación puede realizarse directamente o consultando alguna base de datos y es así como determinaremos si esos perfiles genéticos tienen o no alguna relación de parentesco o coincidencia, también llamada *match*.

Pero... ¿cómo se establece una coincidencia, un *match* o un *hit* de ADN? ¿Y qué significan? Estas dudas las vamos a esclarecer en los siguientes capítulos; no obstante, aquí debo aclarar que todas estas actividades, incluyendo la comparación y determinación de las coincidencias, las hará una persona especialista y no cualquier aficionado, porque además necesitamos información del caso que se está investigando como probable hecho delictivo, y es el especialista quien determinará qué tipo de información se necesita, por ejemplo: ¿de qué tipo de delito se trata? ¿Cuándo ocurrió el hecho que se investiga? ¿Cuántas personas estarían involucradas? ¿Hay familiares relacionados con el delito que se investiga?, y otras interrogantes más que la persona especialista requiere consultar con el personal policial o con el litigante.

Con lo anteriormente expuesto y previo a realizar el manejo de una base de datos, el personal pericial o persona especialista ya debe conocer lo siguiente:

- ¿La calidad de los electroferogramas es realmente la necesaria para poder realizar una comparación de datos genéticos?
- ¿Los perfiles genéticos están completos o son parciales?
- ¿Son STRs autosómicos, de cromosoma «X» o «Y» o ambos?
- ¿Estableceremos una coincidencia criminalística o una relación de parentesco?

- ¿Existe algún tipo de parentesco entre las muestras que servirán como referencia y las muestras a cotejar?
- ¿Los datos genéticos obtenidos provienen de una sola persona o se trata de una mezcla genética?
- ¿Necesitamos establecer alguna «asociación»?

Para realizar una comparación de datos genéticos obtenidos a través de los electroferogramas, fig. 6, el especialista analizará marcador por marcador y alelo por alelo, estableciendo si cumple con sus criterios de calidad y si existe o no una coincidencia entre ellos. Revisemos enseguida más sobre este tema.

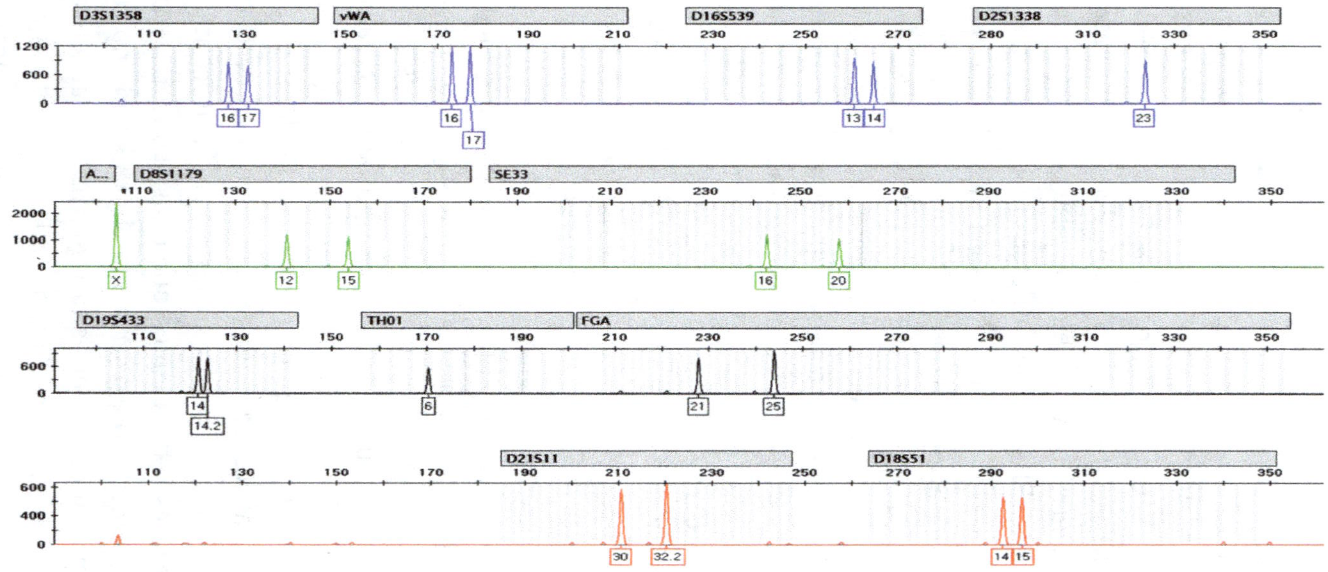

Fig. 6. Representación gráfica de un electroferograma

Si lo que requerimos es establecer coincidencias criminalísticas, es necesario cotejar los perfiles genéticos provenientes de muestras de referencia, pertenecientes a personas acusadas, procesadas o sentenciadas, con los perfiles genéticos provenientes de muestras levantadas de indicios o evidencias, buscando una coincidencia total, es decir, **todos los alelos de todos los marcadores deberán ser los mismos**. Pero… ¿qué pasa si no tengo perfiles genéticos completos que me permitan establecer esa coincidencia? El especialista determinará la causa: podría deberse a un ADN degradado, a la presencia de inhibidores o a la combinación de ambos. Los inhibidores pueden encontrarse en muestras provenientes de telas tipo vestiduras de muebles o automóviles o en restos humanos enterrados en suelos altamente salinos. No omito aclarar que **esa situación deberá resolverse antes de realizar una comparación** y de ninguna manera después; esto es, si no contamos con suficientes marcadores genéticos para establecer una coincidencia, el especialista deberá optar por seguir la estrategia indicada en sus manuales de laboratorio para obtener el mayor número de marcadores genéticos posibles de esa muestra en particular.

Ahora, si lo que requerimos es establecer relaciones de parentesco, es necesario cotejar perfiles genéticos provenientes de muestras de referencia pertenecientes a supuestos familiares con perfiles genéticos provenientes de personas desaparecidas o cadáveres no identificados. En este tipo de comparación es imperativo asegurar el grado de parentesco. Si este es ascendente-descendente, estaríamos esperando que la mitad de los datos genéticos, alelos, coincidiera con los de la supuesta madre y la otra mitad con los del supuesto padre. Si no contáramos con ambos padres y tuviésemos que considerar otros parientes, la comparación o cotejo sería diferente. Cuando no cuento con papá y mamá, estoy perdiendo información genética y es por esta razón que los especialistas solicitan muestras de más familiares o la identificación podría tornarse «no exacta», pues podría presentarse una **coincidencia fortuita**.

Ahora... ¿qué pasa si aun teniendo a ambos padres no coinciden algunos de los alelos? De nuevo, el especialista determinará la causa: podría deberse a que son perfiles genéticos incompletos originados por un ADN degradado o inhibido en su replicación, o a que presenten una mutación. Una vez más, **el especialista, y solo él**, determinará la causa y con esa podrá establecer o no la relación de parentesco.

Una vez que realizamos el cotejo de perfiles genéticos y establecimos que no existe una relación de parentesco o no existe una coincidencia genética, así es como se informará al solicitante del análisis; por el contrario, si establecimos una relación de parentesco o una coincidencia genética, debemos pasar al siguiente paso, que es el uso de estadísticos.

Actualmente, la comunidad genético-forense mundial exige que los resultados de los análisis genéticos se expresen en términos probabilísticos, lo cual a menudo es difícil de entender y, aún más, de explicar a personas que desconocen este tipo de temas; pero estoy segura de que después de haber leído el capítulo II podrás entender... ¿cómo es que esto se realiza? y ¿por qué es tan necesario hacerlo? Así que te invito a continuar y no saltártelo, ya que verás que no es tan difícil ni fastidioso como te lo imaginaste.

Capítulo II: nociones en estadística forense

Comenzaremos este capítulo resaltando que para el análisis genético forense no basta con saber genética, criminalística y derecho; también es necesario aplicar conceptos de probabilidad y estadística. ¿Cuál es la razón de esto? Porque estamos analizando fenómenos naturales como la gametogénesis y la fecundación, en las cuales la segregación y la combinación de caracteres genéticos son resultado, fundamentalmente, del azar. Aunado a esto, estamos tratando con poblaciones humanas que tienen una estructura y una dinámica propias que es necesario considerar por su localización geográfica e incluso por su comportamiento sociocultural. Para entender, entonces, toda esta variación e incertidumbre biológica, es necesario aplicar fundamentos probabilísticos y estadísticos a estos fenómenos naturales y a estas dinámicas poblacionales, aplicando así la llamada **genética de poblaciones**.

Otro punto de vista que es necesario considerar para el análisis genético forense es la evaluación de la evidencia, que en pocas palabras se refiere a determinar la rareza de características que, dentro de una variabilidad, pudiese presentar el objeto, animal o persona que se está evaluando y, al final, poder individualizarlos, es decir, identificarlos. Una vez definidas las características a evaluar, se seleccionan el modo y el tipo de valoración; finalmente, se determina cuán raras o comunes son esas características y se establece un valor numérico. En la siguiente sección podrás comprender ¿cómo se usan estos términos? y las razones por las que es indispensable explicar los resultados de un análisis genético en términos estadísticos.

Sección I: generalidades de probabilidad y estadística

Conocemos que la estadística es la ciencia que utiliza conjuntos de datos numéricos recopilados de un evento que nos permiten realizar inferencias basadas en las posibilidades de que este suceda; es decir, reunimos tantos datos que podemos estimar la probabilidad de que ocurra otro evento. Esos valores numéricos deberán reunir ciertas condiciones para que sean útiles y minimizar el sesgo, es decir, ¿cuánto me desvié de lo esperado?

Así también, recordemos que la estadística hace uso de sus parámetros, fig. 7, para darnos en pocos valores una información útil del total de los datos que estamos examinando. Esta información será más significativa cuanto más homogénea sea la población que estamos analizando y no necesariamente requiere un enorme tamaño de la muestra.

MEDIA ARITMÉTICA	
$\bar{x} = \frac{x_1 + x_2 + x_3 + \cdots + x_n}{n}$	
VARIANZA MUESTRAL	**DESVIACIÓN ESTÁNDAR MUESTRAL**
$s^2 = \frac{\sum_{i=1}^{n}(x_i - \bar{x})^2}{n-1}$	$s = \sqrt{\frac{\sum_{i=1}^{n}(x_i - \bar{x})^2}{n-1}}$

- x_i → Observación número i de la variable X. i puede tomar valores entre 1 y n.
- $\bar{x}$ → Es la media muestral de la variable X.
- n → Número de observaciones de la muestra.
- s^2 → Varianza muestral de la variable X.
- s → Desviación estándar muestral de la variable X.

Fig. 7. Fórmulas para calcular los parámetros estadísticos.

Habremos de recordar que los parámetros estadísticos se consideran de dos tipos: los de tendencia central y los de dispersión. Los de tendencia central representan el centro en el cual se encuentran ubicados los datos y son la media, la mediana y la moda. La más utilizada en genética forense es la media, mejor llamada media aritmética, y representa el promedio de los datos en la misma unidad en que estos se encuentren. Los parámetros de dispersión representan qué tan esparcidos están los datos y los más frecuentes son la varianza, la desviación estándar y el coeficiente de variación. La más predominante en genética forense es la desviación estándar y tiene las mismas unidades que los datos que se analizan; mientras más alto sea su valor, significa que los datos están más dispersos a partir de la media aritmética.

Como ya he descrito, los parámetros estadísticos nos permiten conocer las características de los datos de la población que estamos estudiando y, además, los podemos aplicar a las poblaciones humanas. Esos datos los obtenemos a partir de una muestra, ya que analizar toda la población sería muy costoso y requeriría de mucho tiempo; por lo que, al seleccionar una muestra, que deberá ser de un tamaño suficiente y lo más representativa de esa población, se facilita con mucho nuestro análisis.

Para comenzar el estudio poblacional, lo primero que tenemos que hacer es definir el evento, es decir, ¿qué característica queremos conocer de la población? Enseguida delimitamos la población que queremos estudiar y el tamaño de muestra que satisfaga nuestros análisis; posteriormente realizaremos un muestreo, recopilaremos los datos y, por último, los analizaremos. Adicionalmente, te comparto que existen otros parámetros estadísticos que nos permiten determinar el tamaño de muestra suficiente y otros que nos permiten conocer el sesgo del muestreo, por lo que nuestro estudio puede llevarse a cabo conociendo la **magnitud del error**.

¿Y la probabilidad...? ¿Dónde la utilizamos? Recordemos que estamos estudiando poblaciones humanas y que queremos conocer la distribución de los alelos y genotipos de marcadores seleccionados en una población que **ya definimos**, es decir, ya tenemos la zona geográfica delimitada. Recapitulemos lo que necesitamos:

- El evento que queremos analizar.
- La zona geográfica por estudiar.
- Los insumos que utilizaremos, incluyendo personal, transporte, equipos, consumibles, etc.
- Un cronograma de actividades con responsables de cada una de ellas.
- Las muestras biológicas con sus respectivos datos.

Te recuerdo que esto es una investigación y, por lo tanto, deberás aplicar el método científico, un plan de actividades y, muy importante, un informe de esas actividades. Una vez que contamos con lo anterior, comenzaremos a obtener los perfiles genéticos de las muestras biológicas colectadas y reuniremos los valores alélicos y genotípicos por marcador utilizado; al final, aplicaremos los parámetros estadísticos y podremos... determinar las frecuencias alélicas y genotípicas de esa población.

Cuando tengamos los valores de esas frecuencias, podremos utilizarlos para establecer **la probabilidad de encontrar a otra persona con el perfil genético que hayamos determinado a partir de un indicio** o establecer si ese **perfil genético comparte información** con alguno otro que hayamos determinado en una muestra de referencia; reitero: esto dependerá del estudio que estemos realizando, criminalístico o de relación de parentesco. Un ejemplo nos ayudará a comprender más:

Si nuestro estudio es criminalístico y obtenemos un perfil genético a partir de una muestra biológica donada por una persona de interés y una mezcla de perfiles genéticos obtenida a partir de una muestra biológica colectada del lugar de investigación, podríamos estar en posibilidad de determinar si el perfil genético obtenido a partir de la muestra biológica donada por esa persona está incluido en esa mezcla de perfiles genéticos y, posteriormente, al haber coincidencia, obtener la probabilidad de que el perfil genético contribuyente a la mezcla pertenezca a esa persona de interés.

Por otra parte, si nuestro estudio es para establecer una relación de parentesco y logramos obtener un perfil genético a partir de los indicios, tendríamos que calcular la probabilidad de que el perfil genético obtenido a partir de la muestra biológica, por ejemplo, restos óseos fragmentados, presente una relación de parentesco con los perfiles genéticos obtenidos a partir de muestras biológicas, por ejemplo, donadas por ambos padres. Estas dos premisas que he mencionado son temas que se conceptualizan por separado y de manera diferente; son muy desafiantes y, al asumirlos, debimos haber entendido muy bien lo básico para no confundirnos con lo avanzado.

Como ejemplos de conocimiento básico debimos haber entendido la interpretación de un perfil genético de fuente única para poder interpretar una mezcla de perfiles genéticos. Debimos entender también que hay varias maneras de interpretar esas mezclas y que algunos autores opinan que una interpretación no es mejor que la otra, sino que tendríamos que conocer sobre «el caso» para así seleccionar la manera de interpretar más conservadora; es decir, la que considera que, al haber tanta variabilidad en los individuos, el perfil genético de la persona de interés se vuelve muy común, esto es con una alta probabilidad de encontrarlo, y eso no está, de ninguna manera, aunado a un «grado de culpabilidad».

Recordemos también que en el ámbito jurídico existe el principio de presunción de inocencia, el cual nos indica que «todo individuo es inocente hasta que se demuestre lo contrario», por lo que utilizar la manera más conservadora para la interpretación de mezclas de perfiles genéticos es lo recomendable. Aquí, en este párrafo, debo también añadir que existe un consenso internacional que propone clasificar algunas mezclas de perfiles genéticos como ininterpretables, lo que nada tiene que ver con la competencia del especialista, sino con los alelos obtenidos por marcador genético aunados a términos estadísticos y probabilísticos.

Como podemos percibir, hemos interrelacionado la estadística, la probabilidad, la genética y la criminalística, implicando bases científicas que auxiliarán a establecer la identidad de una persona; pero siempre, como ya lo he mencionado, este tipo de análisis debe ser realizado por personal especializado y no por legos, con métodos de análisis que hayan sido validados, con equipo especializado que esté siendo continuamente monitoreado en su uso y con controles de calidad que me permitan evaluar **todo mi proceso de análisis**; pero... continúa leyendo, que en la siguiente sección introduciremos otras ciencias a nuestro análisis genético-forense, ¡lo que hace al tema más apasionante!

Sección II: genética de poblaciones

Una vez que ya conocimos cómo se determinan las frecuencias alélicas y genotípicas de las poblaciones, pasaremos a conjuntar la ecología a nuestro estudio genético.

Existe un principio que dicta que una población se mantiene en equilibrio genético de una generación a la siguiente, siempre y cuando no se vea afectada por elementos como la selección natural, las migraciones, las mutaciones o una reproducción no aleatoria. Este principio se conoce como la **Ley de Hardy-Weinberg** y nos ayuda a entender la razón por la cual los valores de las frecuencias alélicas y genotípicas de una población, aunque varíen de una generación a otra, tenderán a equilibrarse a través del tiempo, lo que nos permite utilizarlos para realizar nuestros cálculos probabilísticos; no obstante, para el caso de la genética forense, es necesario entender que nos referimos a poblaciones humanas y que los elementos antes mencionados... ¡no necesariamente se cumplen! Revisemos más esto.

Realmente, en las poblaciones humanas **sí existe la selección natural**, puesto que muchos embriones no llegan a término y muchas personas no se reproducen, por variadas razones que aquí solo mencionaremos y no trataremos. Además, sí ocurren migraciones y mutaciones, siendo estas un evento biológico natural. Sumemos, además, que la reproducción humana no es aleatoria, por cuestiones sociales, religiosas, geográficas, etc. Estos factores sí ocasionan que se presente deriva génica y que en algún momento algunos alelos no se transmitan a la siguiente generación, ocasionando que se diluyan entre generaciones.

Estos eventos son naturales y, en realidad, ¡tienen resultados positivos en la dinámica poblacional!, puesto que son el origen de la variabilidad genética que ha venido produciendo ¡la evolución de la especie humana! Pero regresemos al tema genético y dejemos a un lado los procesos evolutivos, que también son bastante apasionantes.

La interpretación correcta de la Ley de Hardy-Weinberg es que, a pesar de ocurrir los elementos antes mencionados, la población mantiene un equilibrio natural entre la proporción de alelos y genotipos de una generación a la siguiente, de manera que se mantienen «constantes»; pero... ¿cuánto sería esa proporción? Para dar respuesta a esta pregunta podemos utilizar el reconocido cuadro de Punnett, en el cual colocaremos los alelos como valores cuya proporción queremos determinar, y los resultados serán las proporciones genotípicas resultantes de esas combinaciones. Veamos un ejemplo en la fig. 8, en la cual podemos visualizar esas proporciones que se mantendrán de generación en generación.

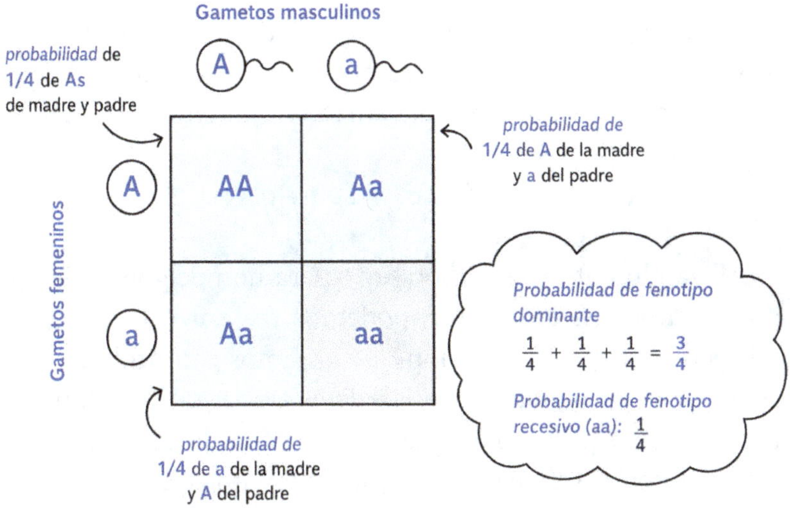

Fig. 8. Representación gráfica de un cuadro de Punnett.

No olvidemos que, por acuerdos científicos a nivel mundial, una letra representa un carácter o alelo; la letra mayúscula representará un carácter dominante y la minúscula, uno recesivo. Así también, recordemos que en un cuadro de Punnett se colocarán, en cualquier lado, los alelos de un progenitor y, del otro lado, los del otro progenitor.

En la fig. 8, los valores que analizaríamos serían los alelos «A» y «a», que representarían cualquier carácter genético. En este cuadro podemos observar que los únicos resultados de ese «cruzamiento alélico» serían los genotipos «AA», «Aa + Aa» y «aa», que, revisándolos un poco más, podremos descubrir que representan un trinomio cuadrado perfecto:

$$(A + a)^2 = A^2 + 2Aa + a^2$$

¿Por qué estamos sumando y no multiplicando los alelos «A» y «a»? Porque cualquiera de los progenitores solo puede heredar uno u otro alelo, y son dos. También recordemos que «AA» y «aa» representarían caracteres homocigotos y «Aa» representaría caracteres heterocigotos.

Ahora, si en lugar de «A» y «a» utilizamos las literales «p» y «q», que son las que comúnmente se usan para los cálculos estadísticos, tendríamos la ecuación anterior como lo siguiente:

$$(p + q)^2 = p^2 + 2pq + q^2$$

Utilizando entonces «p^2» o «q^2» para homocigotos y «pq» para genotipos heterocigotos, podemos realizar cálculos estadísticos de cualquier población que hayamos comprobado que se encuentra en equilibrio de Hardy-Weinberg. Hago aquí un paréntesis para mencionar que, en caso de que esa población no se encuentre en equilibrio, necesitaríamos usar factores de corrección, y es el especialista quien determinará cuáles y cómo usarlos.

Para conocer un poco sobre las aplicaciones de lo que acabamos de revisar, resolvamos el siguiente planteamiento:

Si una población del norte de México presenta las frecuencias alélicas de la siguiente tabla, ¿cuáles serían las frecuencias para los genotipos 14,14; 14,19 y 18,19 del marcador genético TH01?

Marcador TH01

Alelos	Frecuencias alélicas
14	0,105
15	0,126
16	0,082
17	0,014
18	0,029
19	0,071
20	0,096

Utilizando las fórmulas proporcionadas y considerando si son genotipos homocigotos o heterocigotos, tendríamos los siguientes resultados:

Genotipos	Fórmula utilizada	Frecuencias genotípicas
14,14	p^2	0,011
14,19	2pq	0,014
18,19	2pq	0,004

Las frecuencias alélicas y las genotípicas nos darán una certera idea de la rareza de un perfil genético; por ejemplo, revisando la tabla anterior, el genotipo 18,19 será más raro, porque tiene una probabilidad más baja que el genotipo 14,14 y este será más raro que el genotipo 14,19. Aplicando los conceptos que revisamos en este capítulo y en el anterior, recordemos que un perfil genético está compuesto por una serie de marcadores, que pueden ser 20 o 24, y que esperamos que se presenten alelos en uno y otro, y otro, y otro marcador y así sucesivamente hasta completar la serie que el *kit*, o la química que se utiliza en el laboratorio, contiene. En este punto estaremos multiplicando las frecuencias genotípicas obtenidas por cada marcador utilizado y obtendremos la frecuencia de ese perfil genético; esto es, conoceremos, en la población de estudio, qué tan raro o qué tan común es, proporcionándonos una idea de la **factibilidad de volver a encontrarlo**.

Vamos a revisar otro ejemplo para hacer más claras estas aseveraciones:

Supongamos que, de acuerdo con nuestro análisis, el perfil genético determinado para un indicio levantado de un lugar de investigación y el determinado a partir de una muestra biológica donada por una persona de interés son iguales, pero, al establecer esa coincidencia, la siguiente pregunta a realizarnos sería: ¿alguien más podría tener ese perfil genético? Para dar respuesta a esta interrogante, realicemos los respectivos cálculos estadísticos que nos darán una **idea cuantitativa de personas que podrían tener ese mismo perfil genético**. Entonces, el perfil genético que estamos investigando no es único ni irrepetible y de ahí la importancia de determinar su rareza por métodos estadísticos, probabilísticos y ecológicos, y dárselo a conocer a quien solicitó el análisis forense.

Ya conocimos la trascendencia de determinar perfiles genéticos, su comparación con otros, ya sea de manera directa o por búsqueda en una base de datos, y la posibilidad de que alguna otra persona, no relacionada con los hechos, tuviera ese mismo perfil genético; no obstante, tenemos que considerar algo sumamente trascendente en la investigación del caso: si ese indicio se levantó en un predio al cual se ingresó sin una orden judicial o si la muestra biológica de la persona de interés fue obtenida violando sus derechos humanos o sus garantías individuales... ¿tendrá validez jurídica el trabajo realizado por los expertos? ¿Sus conclusiones serían aceptadas en un juicio oral? ¿O ni siquiera llegaríamos a la etapa de juicio oral porque la persona, ahora acusada, tuvo que ser liberada?

He aquí la importancia de que cada fase de toda investigación forense sea realizada con un trabajo científico guiado, coordinado y apegado a derecho, conociendo las leyes que rigen el actuar policial y pericial por todo el personal que haya intervenido en la investigación, con una competencia demostrada para realizarlo, siguiendo los protocolos de actuación y aplicando el método científico con controles de calidad en cada etapa de la indagación. Esta es la razón por la que en el siguiente capítulo pasaremos a revisar someramente la legislación vigente, tanto internacional como nacional; explicaré las razones por las cuales las bases de datos genéticos deben seguir ordenanzas legales y también determinaremos que en México solamente falta voluntad gubernamental para contar con una ley general sobre el manejo forense de bases de datos genéticos.

Capítulo III: legislación internacional y nacional para el uso de datos genéticos

Para iniciar este capítulo, lo primero que haremos es situarnos:

¿Las bases de datos genéticos están sujetas a ordenanzas legales? La respuesta es **sí**. Entonces, ¿existe legislación internacional para la operación de las bases de datos genéticos? La respuesta también es **sí**.

Continuemos: si en México estamos usando bases de datos genéticos... ¿también existe legislación nacional para su operación? Desafortunadamente, en nuestro país **no existe una regulación federal en el manejo de bases de datos genéticos** y menos aún en materia de identificación humana por análisis de ADN. Afortunadamente, **sí existen regulaciones a nivel estatal**. El estado de Chihuahua y la Ciudad de México actualmente cuentan con reglamentación al respecto, siendo la de esta última de reciente creación; además, en esa entidad se proyectó la implementación del banco de perfiles genéticos, que debió quedar concluido el 31 de diciembre de 2022, y a partir de esa fecha se revisaría si realmente estaba funcionando... estamos en 2026... ¿sí funcionó? Tendríamos que revisar los comunicados de la Fiscalía General de la Ciudad de México.

Pasaremos a examinar ahora cómo es y por qué los datos genéticos y no genéticos contenidos en las bases deben estar regulados a nivel internacional y nacional.

Con referencia a las normas constitucionales, los artículos 1.º y 6.º nos señalan, en sus distintos párrafos y fracciones, el reconocimiento, la promoción, el respeto, la protección y la garantía de los derechos humanos. Revisemos otros: el artículo 16.º trata sobre los actos de molestia y el tratamiento que debe darse a los datos personales; el artículo 20.º señala los principios por los que se regirá el proceso penal, tanto en sus generales como en los derechos de toda persona imputada y de la víctima; y, por último, en el artículo 21.º, párrafo 8, se indica que «... el Ejecutivo federal, con la aprobación del Senado, podrá reconocer la jurisdicción de la Corte Penal Internacional»; y en sus párrafos 9 y 10 nos define las competencias y las actuaciones de las instituciones de seguridad pública y el establecimiento del Sistema Nacional de Seguridad Pública, así como el establecimiento de las bases de datos criminalísticos y de personal perteneciente a estas instituciones, vinculando este sistema con la obligación de las autoridades federales, estatales y municipales de **coordinarse de manera más cercana e inmediata para compartir bases de datos con información criminal o del personal a ellas adscrito**.

Ahora bien, ¿cómo vinculamos estos artículos constitucionales con las bases de datos genéticos? De la siguiente manera: la protección de los datos personales que se manejan al donar una muestra biológica está reconocida como un derecho humano; los actos de molestia, como sería un cateo donde se procesen muestras biológicas, pueden ser parte de un proceso penal; además, en estas diligencias intervendrá personal que pertenecería al Sistema Nacional de Seguridad Pública y ese personal debería haber sido declarado competente para realizar cada una de esas actividades, incluido el manejo de bases de datos criminalísticos, con la obligatoriedad de compartir, ingresar, modificar, proteger e incluso eliminar datos de esas bases.

Todas estas actividades podrían contribuir, considerando todo el proceso penal donde seguramente se desahogarán pruebas periciales en materia de genética forense, a que una persona de interés que sea señalada como acusada posteriormente sea declarada inocente o culpable; de aquí la trascendencia del manejo de las bases de datos genéticos.

Sección I: legislación internacional

Revisemos ahora la normatividad internacional relacionada con los datos genéticos, que es sumamente diversa y añeja. Contamos con leyes, declaraciones y convenios de distintas regiones y épocas; como ejemplos, revisaremos algunos que, por haber marcado un hito en el uso de las bases de datos genéticos, es menester mencionarlos.

Regresemos a la Declaración de los Derechos Humanos, la cual actualmente contiene distintas generaciones. Los derechos del ser humano frente a los avances biotecnológicos y la manipulación genética se encuentran resguardados en la que es la propuesta jurídica de cuarta generación, que se agrupa en tres grandes bloques:

a. Los derechos relativos a la protección del ecosistema y al patrimonio de la humanidad,
b. los derechos derivados de las nuevas tecnologías de la comunicación y de la información, y
c. los derechos relativos a un nuevo estatuto jurídico sobre la vida humana; en estos últimos se incorporarían los derechos a morir con dignidad, el derecho a cambiar de sexo y la protección contra los posibles excesos de la investigación genética, incluidos:

    I. El derecho a proteger la intimidad, unicidad y esencia genética de todo individuo, impidiendo la manipulación genética germinal, considerando aquí el uso, manejo y almacenamiento de datos genéticos,
    II. el derecho a conocer el propio origen biológico, facultando a toda persona a iniciar las acciones legales a fin de averiguar su nexo biológico cuando sus progenitores le son desconocidos, y

III. el derecho a saber o no saber los resultados obtenidos de una prueba genética, ya sea con fines médicos o de filiación.

Un ejemplo trascendental sobre normatividad internacional es la Declaración Internacional sobre Datos Genéticos Humanos, que logró la UNESCO en 2003, en la cual se señaló la necesidad de elaborar un instrumento internacional básico en el que se consideraran los principios éticos sobre los que se sustentarán las futuras legislaciones sobre derechos humanos; asimismo, se asentaron los principios generales sobre cuestiones importantes en los ámbitos de las «técnicas médicas y genéticas», definiendo:

a. Qué son los datos genéticos,
b. la finalidad con la que se recogen las muestras, ya sea con fines científicos y judiciales,
c. la importancia del consentimiento en su colecta, con la observancia de los derechos y el respeto a la dignidad humana, y
d. la necesidad de definición de políticas para el establecimiento, uso, manejo, acceso y conservación de las bases de datos genéticos, con sistemas de supervisión y gestión expresamente concebidos para su protección, de acuerdo con la normatividad vigente en cada país…

¿Vas captando la importancia de todo esto? Revisemos más: En esa declaración internacional se señala además que:

- Los datos genéticos humanos solo podrán ser utilizados y almacenados cuando tengan como finalidad la salud en la investigación médica o la colaboración con la justicia en la investigación de casos forenses o civiles.
- Para la colecta de las muestras mediante procedimientos invasivos o no invasivos será preciso obtener el

consentimiento libre del imputado y señalar, de manera precisa, todos los procesos a los que se verán sometidas las diferentes muestras colectadas y los datos obtenidos de ese proceso.

En cuanto al tratamiento de los datos genéticos, se hace especial énfasis en:

El derecho de acceso que toda persona directamente implicada e identificada en este tipo de estudios debe tener respecto de sus propios datos, excepción hecha de las limitaciones que sea necesario imponer por razones de salud, orden público o seguridad nacional, y que **deberán estar disponibles solo durante el tiempo necesario.**

Asimismo, se enmarca la necesidad de políticas para trasladar información respecto de los datos genéticos pertenecientes a una persona identificable de una nación a otra, considerando la legislación o reglamentos nacionales y al amparo del derecho internacional relativo a los derechos humanos, subrayando que **los datos genéticos no podrán ser empleados con un fin diferente para el que fueron obtenidos**.

Aunada a esta declaración internacional, la comunidad que ha tenido mayor participación en este sentido es la europea, por lo que pasaremos a revisar los que considero esenciales, no solo por sus posturas, sino porque podrían servir de marco jurídico en México **cuando se decida hacer algo sobre este tema**.

Contamos con el Convenio n.º 108 del Consejo de Europa (enero de 1981), para la protección de las personas con respecto al tratamiento automatizado de datos de carácter personal, y su Protocolo Adicional (noviembre de 2001), que fueron los pioneros en incorporar la categoría de «dato sensible» o «dato especialmente protegido» a los denominados datos de salud. El convenio establece expresamente que los datos calificados como datos sensibles solo podrán ser tratados si el derecho interno establece para ellos una mayor protección.

El reconocimiento de la naturaleza de datos sensibles a los datos genéticos se explica por la información que este tipo de datos pueden o pudieran revelar al grupo de datos personales, ya que se refiere a una configuración única e inmutable de un individuo, y deberían así ser clasificados, ya sea en la obtención y aplicación de la información genética en la identificación de personas, vivas o muertas, o en la determinación de la paternidad, maternidad u otras relaciones de parentesco.

La Recomendación R(97)5 (febrero de 1997) del Comité de Ministros del Consejo de Europa a los Estados miembros sobre Protección de Datos Médicos también define a los datos médicos y genéticos; a saber, datos médicos son los «datos personales relativos a la salud de un individuo y a todos los que tengan una clara y estrecha relación con la salud», y datos genéticos son «todos los datos, con independencia de su tipo, que se refieren a las características hereditarias de una persona o al modelo de herencia de estas características de un grupo de personas de la misma familia».

El Consejo de Europa también se ha manifestado específicamente sobre datos genéticos en el marco de la salud y la asistencia sanitaria. El Convenio sobre Biomedicina y Derechos Humanos de 1997 contiene, en su artículo 11, una referencia a la prohibición de discriminación de la persona a causa de su patrimonio genético y, en su artículo 12, a la restricción de la realización de pruebas predictivas exclusivamente a fines médicos o de investigación médica o de asesoramiento genético que permitan identificar al sujeto como portador de un gen responsable de una enfermedad o detectar una predisposición o una susceptibilidad genética a una enfermedad.

En la Ley de Enjuiciamiento Criminal promulgada en España, reformada por la LO 15/2003, del 25 de noviembre, en la que se modifica el Código Penal de 1995, se introdujeron los arts. 326 y 363 y la disposición adicional 3.ª, para dar cobertura a este tipo de datos. El art. 326, párrafo 3.º, se posiciona por la necesidad de exigir un pronunciamiento judicial expreso para la recogida de muestras en los siguientes términos: «... cuando se pusiera de manifiesto la existencia de huellas o vestigios cuyo análisis biológico pudiera contribuir al esclarecimiento del hecho investigado, el Juez de Instrucción adoptará u ordenará a la Policía Judicial o al Médico Forense que adopte las medidas necesarias para que la recogida, custodia y examen de aquellas muestras se verifique en condiciones que garanticen su autenticidad, sin perjuicio de lo establecido en el art. 282...».

Sin embargo, la reforma no contempló otros aspectos importantes, como la posibilidad de crear una base de datos en la que, de manera centralizada, se almacenase el conjunto de los perfiles de ADN obtenidos, a fin de que pudiesen ser utilizados posteriormente en investigaciones distintas o futuras, incluso sin el consentimiento expreso del titular de los datos.

Esta deficiencia se cubre con la LO 10/2007, del 8 de octubre, que es consecuencia del Tratado de Prüm, relativo a la profundización de la cooperación, en particular en materia de lucha contra el terrorismo, la delincuencia transfronteriza y la migración ilegal (Instrumento de Ratificación de 18 de julio de 2006, BOE de 25 de diciembre de 2006).

Esta LO 10/2007, tanto en su exposición de motivos como en su articulado, expresa que para preservar el derecho a la intimidad solo se permite, en la base de datos de ADN no codificante, la inscripción con fines identificativos (cfr. art. 4), sin que puedan revelarse otros datos genéticos (por ejemplo, enfermedades, antecedentes familiares, etc.). Esta regulación contiene una salvaguarda muy especial, que resulta fundamental para eliminar toda vulneración del derecho a la intimidad, puesto que solo podrán ser inscritos aquellos perfiles de ADN que sean reveladores exclusivamente de la identidad del sujeto —la misma que ofrece una huella dactilar— y del sexo, pero en ningún caso los de naturaleza codificante que **permitan revelar cualquier otro dato o característica genética**.

En la STS 949/2006, del 4 de octubre, ya se había mencionado que en la investigación policial se han de realizar los análisis del ADN no codificante exclusivamente con fines identificadores, a diferencia de los análisis realizados en el ámbito de la medicina con objetivos investigadores o terapéuticos. Se menciona también que para el registro en la base de datos policial no siempre es necesario, por ejemplo, que en el lugar del crimen haya quedado alguna huella biológica; si en el curso de la investigación se solicitara el perfil del ADN del sospechoso, tal dato no tendría utilidad alguna en la averiguación.

Por el contrario, si hubieran quedado restos biológicos en el lugar del crimen, tales muestras deben analizarse y el dato del perfil del ADN archivarse en la base de datos, para que, una vez obtenido el perfil del ADN del sospechoso, se compare con el obtenido en el lugar del crimen, pudiendo este registro servir para la averiguación del autor o del partícipe en otros hechos delictivos.

La LO 10/2007 también es reguladora de la base de datos policial sobre identificadores obtenidos a partir del ADN, la cual establece en su disposición adicional 3.ª que «... para la investigación de los delitos, la policía judicial procederá a la toma de muestras y fluidos del sospechoso, detenido o imputado, así como del lugar del delito. La toma de muestras que requieran inspecciones, reconocimiento o intervenciones corporales, sin consentimiento del afectado, requerirá en todo caso autorización judicial mediante auto motivado, de acuerdo con lo establecido en la LECrim...».

Esta LO 10/2007 también regula los ficheros de las Fuerzas y Cuerpos de Seguridad del Estado (Policía Nacional y Guardia Civil), en los que se almacenan los datos identificativos obtenidos a partir de los análisis de ADN que se hayan realizado en el marco de una investigación criminal o en los procedimientos de identificación de cadáveres o de averiguación de personas desaparecidas. De estos datos pueden valerse para sus investigaciones las policías autonómicas e incluso el Centro Nacional de Inteligencia, y precisa que la inscripción en la base de datos policial de los identificadores de ADN no precisará el consentimiento del afectado cuando se trate de delitos graves y, en todo caso, los que afecten a la vida, la libertad, la indemnidad o libertad sexual, la integridad de las personas, el patrimonio con violencia o intimidación y en los casos de delincuencia organizada; también serán inscritos en dicha base los patrones identificativos obtenidos en los procedimientos de identificación de restos cadavéricos o de averiguación de personas desaparecidas. Por el contrario, cuando la persona titular de los datos preste expresamente su consentimiento, podrán ser inscritos los datos identificativos obtenidos a partir del ADN, sea cual sea el delito investigado.

Respecto a la conservación de los datos, la misma LO 10/2007 señala que no se superará el tiempo indicado en la ley penal para la prescripción del delito o el tiempo señalado para la cancelación de antecedentes penales, así como cuando se haya dictado auto de sobreseimiento libre o sentencia absolutoria. Para los datos pertenecientes a personas fallecidas, estos se cancelarán una vez que se tenga conocimiento del fallecimiento. Con respecto a los que pertenecen a una persona desconocida, permanecerán inscritos mientras se mantenga dicho anonimato; una vez identificados, se aplicará lo dispuesto por la ley para su cancelación.

Para compartir datos, estos podrán cederse a las autoridades judiciales, fiscales o policiales de terceros países, de acuerdo con lo previsto en los convenios internacionales ratificados por España; y es así como la base de datos española está obligada al intercambio de datos con las bases de datos de otros países europeos mediante el Tratado de Prüm y mediante convenios bilaterales con países extracomunitarios (por ejemplo, Estados Unidos).

Por último, mencionaré el RD 1977/2008, un decreto del gobierno de España, por el que se regula la composición y funciones de la Comisión Nacional para el uso forense del ADN, y en el cual se establece que a tal comisión «le corresponde la acreditación de los laboratorios de análisis, el establecimiento de criterios de coordinación, la elaboración de protocolos técnicos, las medidas de seguridad y confidencialidad, la elaboración y aprobación de los protocolos técnicos oficiales sobre la obtención, conservación y análisis de las muestras, incluyendo la determinación de los marcadores sobre los que los laboratorios acreditados han de realizar los análisis».

En Latinoamérica, Argentina, Brasil, Uruguay y Chile son los países que cuentan con una ley específica para la regulación de un banco nacional de datos genéticos y, como ya mencionamos, y sigo sin comprender la razón, **México no cuenta con legislación a nivel federal.**

¿Captaste todo el trabajo que falta por hacer en México? Sería necesario trabajo en equipo, estar dispuestos a escuchar a legisladores, peritos, policías, fiscales, defensores y colectivos de búsqueda para lograr que en nuestro país se cuente con una ley que regule el uso forense del ADN; sin embargo, Chihuahua ya adelantó mucho y ese tema lo trataremos en la siguiente sección, así que... ¡sigue leyendo!

Sección II: legislación nacional

En esta sección conocerás las disposiciones legales actuales relacionadas con los datos genéticos y la razón por la cual un marco jurídico que regule y proteja de forma específica y autónoma el uso, manejo y almacenamiento de datos genéticos con fines forenses... no existe.

A excepción de lo ya señalado en las normas constitucionales que asignan el derecho a la intimidad, y que podría incluir el derecho a la intimidad genética, no existe regulación alguna en nuestro país sobre el uso de datos genéticos. Existen disposiciones legales que, mediante la interpretación, pueden tutelar la privacidad genética como bien jurídico de sensible protección, pero **haría falta la creación de un órgano especial** cuya finalidad fuera tutelar la intimidad genética, incluso antes de que la misma sea efectivamente vulnerada sin conocimiento del afectado.

¿Por qué necesitamos conocer la normatividad relacionada con bases de datos? Entre otras razones, porque podrá servir de base para crear esa normatividad a nivel nacional, tan urgente, y a la cual **deberán apegarse todos los que usen una base de datos genéticos**.

Revisemos entonces:

La Ley Federal de Protección de Datos Personales en Posesión de los Particulares, nueva ley publicada en el DOF 05 de julio de 2010, podría incluir toda la información de naturaleza genética, como por ejemplo el uso, manejo y almacenamiento de datos genéticos en su condición de datos de carácter personal y, en concreto, como datos íntimos y sensibles que están plasmados en la mencionada ley, y que a continuación transcribo para darnos una clara idea de que, efectivamente, los datos genéticos bien pudieran ser tutelados por esta Ley:

Artículo 3. *Para los efectos de esta Ley se entenderá por:*

II. *Bases de datos: el conjunto ordenado de datos personales referentes a una persona identificada o identificable.*

V. *Datos personales: cualquier información concerniente a una persona física, identificada o identificable.*

VI. *Datos personales sensibles: aquellos datos personales que afecten a la esfera más íntima de su titular, o cuya utilización indebida pueda dar origen a discriminación o conlleve un riesgo grave para este. En particular, se consideran sensibles aquellos que puedan revelar aspectos como origen racial o étnico, estado de salud presente y futuro, información genética, creencias religiosas, filosóficas y morales, afiliación sindical, opiniones políticas, preferencia sexual.*

Artículo 4. *Los principios y derechos previstos en esta Ley tendrán como límite, en cuanto a su observancia y ejercicio, la* *protección de la seguridad nacional, el orden, la seguridad y la salud públicos, así como los derechos de terceros.*

Artículo 5. *A falta de disposición expresa en esta Ley, se aplicarán de manera supletoria las disposiciones del Código Federal de Procedimientos Civiles y de la Ley Federal de Procedimiento Administrativo.*

Artículo 6. *Los responsables en el tratamiento de datos personales deberán observar los principios de licitud, consentimiento, información, calidad, finalidad, lealtad, proporcionalidad y responsabilidad previstos en la Ley.*

Artículo 7. *Los datos personales deberán recabarse y tratarse de manera lícita conforme a las disposiciones establecidas por esta Ley y demás normatividad aplicable.*

La obtención de datos personales no debe hacerse a través de medios engañosos o fraudulentos.

En todo tratamiento de datos personales se presume que existe la expectativa razonable de privacidad, entendida como la confianza que deposita cualquier persona en otra respecto de que los datos personales proporcionados entre ellos serán tratados conforme a lo que acordaron las partes, en los términos establecidos por esta Ley.

Artículo 8. *Todo tratamiento de datos personales estará sujeto al consentimiento de su titular, salvo las excepciones previstas por la presente Ley.*

El consentimiento será expreso cuando la voluntad se manifieste verbalmente, por escrito, por medios electrónicos, ópticos o por cualquier otra tecnología, o por signos inequívocos.

Se entenderá que el titular consiente tácitamente el tratamiento de sus datos cuando, habiéndose puesto a su disposición el aviso de privacidad, no manifieste su oposición.

Los datos financieros o patrimoniales requerirán el consentimiento expreso de su titular, salvo las excepciones a que se refieren los artículos 10 y 37 de la presente Ley.

El consentimiento podrá ser revocado en cualquier momento sin que se le atribuyan efectos retroactivos. Para revocar el consentimiento, el responsable deberá establecer en el aviso de privacidad los mecanismos y procedimientos para ello.

Artículo 9. *Tratándose de datos personales sensibles, el responsable deberá obtener el consentimiento expreso y por escrito del titular para su tratamiento, a través de su firma autógrafa, firma electrónica o cualquier mecanismo de autenticación que al efecto se establezca.*

No podrán crearse bases de datos que contengan datos personales sensibles sin que se justifique la creación de las mismas para finalidades legítimas, concretas y acordes con las actividades o fines explícitos que persigue el sujeto regulado.

Artículo 10. *No será necesario el consentimiento para el tratamiento de los datos personales cuando:*

I. *Esté previsto en una Ley;*

II. *Los datos figuren en fuentes de acceso público;*

III. *Los datos personales se sometan a un procedimiento previo de disociación;*

IV. *Tenga el propósito de cumplir obligaciones derivadas de una relación jurídica entre el titular y el responsable;*

V. *Exista una situación de emergencia que potencialmente pueda dañar a un individuo en su persona o en sus bienes;*

VI. *Sean indispensables para la atención médica, la prevención, diagnóstico, la prestación de asistencia sanitaria, tratamientos médicos o la gestión de servicios sanitarios, mientras el titular no esté en condiciones de otorgar el consentimiento, en los términos que establece la Ley General de Salud y demás disposiciones jurídicas aplicables, y que dicho tratamiento de datos se* *realice por una persona sujeta al secreto profesional u obligación equivalente, o*

***VII.** Se dicte resolución de autoridad competente.*

***Artículo 11.** El responsable procurará que los datos personales contenidos en las bases de datos sean pertinentes, correctos y actualizados para los fines para los cuales fueron recabados.*

Cuando los datos de carácter personal hayan dejado de ser necesarios para el cumplimiento de las finalidades previstas por el aviso de privacidad y las disposiciones legales aplicables, deberán ser cancelados.

El responsable de la base de datos estará obligado a eliminar la información relativa al incumplimiento de obligaciones contractuales una vez que transcurra un plazo de setenta y dos meses, contado a partir de la fecha calendario en que se presente el mencionado incumplimiento.

Ahora, con relación a las investigaciones, revisemos aspectos forenses: en el Reglamento de la Ley General de Salud en Materia de Investigación para la Salud, última reforma publicada en el DOF 02-04-2014, el artículo 13 nos señala que «En toda investigación en la que el ser humano sea sujeto de estudio deberán prevalecer el criterio del respeto a su dignidad y la protección de sus derechos y bienestar», sin que se especifique si esa investigación pudiera ser en materia civil, penal u otra.

El Reglamento de la Ley General de Salud en Materia de Control Sanitario de la Disposición de Órganos, Tejidos y Cadáveres de Seres Humanos, última reforma publicada en el DOF 26-03-2014, en sus artículos 13, 58, 60 y 64, entre otros, trata sobre la disposición de cadáveres, y si bien este reglamento fue creado con fines de control sanitario, menciona al Ministerio Público como disponente secundario, en ejercicio de sus funciones, de conformidad con las disposiciones legales aplicables, para los cadáveres con efectos de investigación que bien podrían relacionarse con actos de investigación penal y colaborar en estos enviando datos a las fiscalías para que enriquezcan sus bases de datos genéticos.

Explico más: la Ley General de Salud bien podría extenderse hacia los actos de investigación que menciona el Código Penal y sobre los análisis forenses que deberían realizarse a todos los cadáveres antes de disponer de ellos, evitando así que **se mantengan** en los SEMEFOS sin inhumarse, por desconocimiento de esta ley.

Pasemos a la Ley General del Sistema Nacional de Seguridad Pública, última reforma publicada en el DOF 23-03-2022. Revisando sus artículos núm. 5, 7, fracc. IX, 19, 25, fracc. XXI, 29, fracc. XVI, 31, fracc. VII, 39, fraccs. A y B, 109, 110, 118, 122, 138, 139, 140 y 141, notaremos que es la normatividad que más regula sobre las bases de datos criminalísticos, e incluso nos proporciona una definición de bases de datos, a saber: «Las que constituyen subconjuntos sistematizados de la información contenida en Registros Nacionales en materias relativas a detenciones, armamento, equipo y personal de seguridad pública, medidas cautelares, soluciones alternas y formas de terminación anticipada, así como las bases de datos del Ministerio Público y las instituciones policiales de los tres órdenes de gobierno relativas a la información criminalística, huellas dactilares de personas sujetas a un proceso o investigación penal, teléfonos celulares, personas sentenciadas y servicios de seguridad privada, así como las demás necesarias para la prevención, investigación y persecución de los delitos. El conjunto de bases de datos conformará el Sistema Nacional de Información».

También menciona que las Instituciones de Seguridad Pública de la Federación, las entidades federativas y los municipios, en el ámbito de su competencia y en los términos de esta Ley, «deberán coordinarse para generar, compartir, intercambiar, ingresar, almacenar y proveer información, archivos y contenidos a las Bases de Datos que integran el Sistema Nacional de Información».

Esta ley menciona a un Centro Nacional de Información que será el responsable de «regular el Sistema Nacional de Información y tendrá, entre otras, las atribuciones de conocer, integrar y analizar las Bases de Datos del Sistema Nacional de Información, en términos de los lineamientos que a tal efecto emita; así como de brindar asesoría a las Instituciones de Seguridad Pública para la integración y uso de la información de las Bases de Datos al Sistema Nacional de Información».

También describe las funciones de la Conferencia Nacional de Procuración de Justicia, que entre otras son «proponer al Centro Nacional de Información los criterios para la integración de la información, funcionamiento, consulta y medidas de seguridad del Sistema Nacional de Información»; las funciones de la Conferencia Nacional de Secretarios de Seguridad Pública, que entre otras cosas son «proponer al Centro Nacional de Información los criterios para la integración de la información, funcionamiento, consulta y medidas de seguridad del Sistema Nacional de Información»; y las funciones de la Conferencia Nacional del Sistema Penitenciario, que entre otras son «promover el intercambio, registro, sistematización y consulta de la información de seguridad pública en el Sistema Nacional de Información».

Con relación a la distribución de competencias, indica que «corresponde a la Federación, a las Entidades Federativas y a los Municipios, por conducto de sus autoridades competentes, operar y proporcionar al Sistema Nacional de Información las Bases de Datos correspondientes para su interconexión y consulta, de conformidad con esta Ley y otras disposiciones jurídicas aplicables».

Asimismo, todo el título séptimo de esta misma ley trata del Sistema Nacional de Información en Seguridad Pública, desde sus lineamientos generales para su operación y actualización, su certificación por la autoridad respectiva como valor probatorio, y hasta la tipificación de delitos contra el funcionamiento del Sistema Nacional de Seguridad Pública y sus sanciones aplicables.

Los mandatos de esta ley que acabamos de revisar pueden aplicar a las bases de datos genéticos; tan solo se necesitaría revisar la normatividad estatal para poder empatarla con la federal y, sobre todo, tener los recursos para contar con ese intercambio de información al que tanto se alude.

Revisemos otra ley, la de la Fiscalía General de la República, publicada en el DOF 20 de mayo de 2021 como nueva, que señala en su art. 10, fracc. VI, que «le corresponde a la Fiscalía General crear y administrar las bases nacionales de información en el ámbito de su competencia». Asimismo, deja como facultad y obligación del fiscal general «ordenar la implementación de los bancos de datos y sistemas de información para la generación de la inteligencia necesaria a efecto de dar cumplimiento a las atribuciones constitucionales de la Fiscalía General y del Ministerio Público», dejando a este la facultad de «garantizar a las personas víctimas o a sus familiares la consulta de la información genética resguardada en las bases de datos que conforman el Banco Nacional de Datos Forenses, para la identificación de cuerpos o restos humanos, en el caso de personas desaparecidas, de conformidad con lo que establezcan los lineamientos generales en esta materia».

Asimismo, considera facultad del personal pericial las siguientes: «aportar información que permita la actualización de los bancos de datos criminalísticos de la institución»; «operar, junto con la unidad administrativa correspondiente, los bancos de datos criminalísticos y compartir la información con unidades específicas del Ministerio Público, de la Policía Federal Ministerial y de información y análisis»; y «operar, junto con la unidad administrativa correspondiente, un sistema informático de registro y análisis de la huella balística, análisis de voz, sistemas biométricos, información genética y otros elementos relacionados con hechos delictivos que se obtengan de conformidad con las disposiciones aplicables; así como compartir la información con unidades específicas del Ministerio Público, de la Policía Federal Ministerial y de información y análisis».

Hay una personalidad jurídica en esta nueva ley llamada «Analista», a la cual se le conceden las siguientes facultades: «implementar y administrar bancos de datos y sistemas de información delincuencial que permitan la consulta, integración y clasificación adecuada de los elementos que fortalezcan las investigaciones, así como la investigación y persecución de delitos»; «efectuar el mantenimiento, control documental, alimentar y actualizar los bancos de datos y los sistemas de información delicuencial para generar y procesar información relacionada con las investigaciones y persecución de delitos»; «llevar el control de la información sensible almacenada en el banco de datos, así como en otros medios de acuerdo con las políticas establecidas»; y «apoyar en la elaboración de metodologías que permitan la consulta de bases de datos nacionales e internacionales para la obtención y vinculación de información criminal o delincuencial». En estas bases de datos deberían encontrarse datos genéticos, ya que o complementan la investigación o son la única información de la que se dispone.

En la Ley General en Materia de Desaparición Forzada de Personas, Desaparición Cometida por Particulares y del Sistema Nacional de Búsqueda de Personas, última reforma publicada en el DOF 13-05-2022, se actualizó mucha información sobre las bases de datos, que ahora vamos a revisar.

En el art. 4, fracc. I, se define un banco de datos como «la herramienta del Sistema Nacional de Búsqueda de Personas que concentra las bases de datos de las Entidades Federativas y de la Federación, así como otras bases de datos que tengan información forense relevante para la búsqueda e identificación de Personas Desaparecidas y No Localizadas».

En el art. 49 se deja al Sistema Nacional de Búsqueda de Personas la atribución de «evaluar el cumplimiento de los lineamientos que regulan el funcionamiento del Banco Nacional de Datos Forenses».

En el art. 53, fracc. XIII, se otorga a la Comisión Nacional de Búsqueda la atribución de «acceder sin restricciones a la información contenida en plataformas, bases de datos y registros de todas las autoridades para realizar la búsqueda de la persona desaparecida o no localizada, de conformidad con las disposiciones aplicables», y en la fracc. XLIX del mismo artículo se establece «realizar las acciones necesarias para recabar y cruzar la información contenida en las bases de datos y registros que establece esta Ley, así como con la información contenida en otros sistemas que puedan contribuir en la búsqueda, localización e identificación de una persona desaparecida o no localizada».

En el art. 62, fracc. III, se deja al Consejo Ciudadano la atribución de «proponer acciones para mejorar el funcionamiento de los programas, registros, bancos y herramientas materia de esta Ley».

En el art. 94 se dicta que «a efecto de determinar la ubicación de la Persona Desaparecida o No Localizada, la Comisión Nacional de Búsqueda o la Comisión Local de Búsqueda correspondiente debe consultar, mediante los sistemas informáticos instrumentados para ello, de manera periódica y exhaustiva, las bases de datos o registros de: fracc. IV, Servicios Médicos Forenses y Banco de Datos Forenses; fracc. XI, los demás registros y bases de datos que contengan información que pueda contribuir a la localización e identificación de las personas, en términos de las disposiciones jurídicas aplicables». Este mismo artículo señala que «las autoridades o instituciones, públicas o privadas, que administran las bases de datos o registros a que se refiere este artículo deben tomar las medidas necesarias para que dichas bases de datos y registros contengan la información de las personas a las que prestan servicios, beneficios o tienen bajo su custodia. La Comisión Nacional de Búsqueda o la Comisión Local de Búsqueda correspondiente proporcionará asistencia a las autoridades e instituciones a que se refiere el párrafo anterior a fin de facilitar el acceso a la información contenida en sus bases de datos o registros, para lo cual celebrarán los convenios correspondientes».

En el art. 99, fraccs. XV y XVI, se señala que los protocolos contendrán «el procedimiento para consultar la información en los registros y bases de datos» y «los mecanismos para confrontar información con otros registros o bases de datos locales, nacionales o internacionales».

En las fraccs. q y r del art. 106 se señala que «el Registro Nacional de Personas Fallecidas No Identificadas y No Reclamadas deberá contener, en relación con la Persona Desaparecida o No Localizada, la información sobre la toma de muestras biológicas a familiares y perfiles genéticos que se encuentren en el Banco Nacional de Datos Forenses, y la existencia de muestras biológicas útiles de la persona en el Banco Nacional de Datos Forenses o cualquier otro banco o registro»; también señala que «este registro se encuentra a cargo de la Fiscalía, formará parte del Banco Nacional de Datos Forenses y contiene información sobre los datos forenses de los cadáveres o restos de personas no identificadas y no reclamadas, del lugar del hallazgo, el lugar de inhumación o destino final y demás información relevante para su posterior identificación».

En la sección tercera, esta misma ley se refiere precisamente al Banco Nacional de Datos Forenses, mencionando que «está a cargo de la Fiscalía General de la República» y que «tiene por objeto concentrar la información relevante para la búsqueda e identificación de Personas Desaparecidas, así como para la investigación de los delitos materia de esta Ley»; además, señala que «deben estar interconectados en tiempo real», por «personal designado y capacitado para ello», y que «la información deberá ser recabada de conformidad con los protocolos correspondientes», «realizando cruces de información de manera permanente y continua con el Registro Nacional y el Registro Nacional de Personas Fallecidas No Identificadas y No Reclamadas, así como con otros registros que no forman parte del Sistema Nacional y que contengan información forense relevante para la búsqueda de personas».

También dicta que es la Fiscalía General de la República quien debe coordinar la operación y centralizar la información del Banco Nacional de Datos Forenses, y que «corresponde a las fiscalías y procuradurías locales coordinar la operación de su respectivo registro forense y compartir la información con la Fiscalía General de la República»; encomendando a «los servicios periciales y los servicios médicos forenses de la Federación y de las Entidades Federativas la captura de la información». Asimismo, establece que «las autoridades correspondientes en la Federación y las Entidades Federativas deben garantizar que el personal de los servicios periciales y médicos forenses esté capacitado de forma permanente y continua en las diferentes materias que se requieren para el adecuado funcionamiento del Banco Nacional de Datos Forenses».

Algo importante que resaltar para el tema de esta guía es lo estipulado en el art. 124: «El Banco Nacional de Datos Forenses, además de la información pericial y forense útil para la identificación de una persona, debe contar con una base de datos de información genética que contenga, como mínimo:

I. La información genética de los familiares en primer grado en línea recta ascendente o descendente, o segundo grado en línea colateral, de las Personas Desaparecidas y No Localizadas, conforme se requiera, y
II. La información genética de terceras personas en los casos en que así lo requiera la autoridad ministerial o judicial que corresponda, como datos o medios de prueba.

Las muestras para análisis pericial y su subsecuente incorporación al registro forense que corresponda en términos de esta Ley solo pueden recabarse a las personas mencionadas en la fracción I del presente artículo con su aceptación expresa, informada y por escrito en una diligencia ministerial».

Los artículos 126 y 127 dictan así: «La información contenida en los registros forenses a que se refiere esta Sección puede ser confrontada con la información que esté en poder de otras autoridades e instituciones, nacionales o extranjeras, así como otros bancos forenses que puedan ser útiles para identificar a una persona.

La Fiscalía, así como las Fiscalías y Procuradurías Locales, deben establecer los mecanismos de colaboración necesarios para cumplir con lo dispuesto en el párrafo anterior. Asimismo, podrán coordinarse con las autoridades de otros países que posean bases de datos, prioritariamente con aquellos países que tengan frontera o flujo migratorio relevante con México; además «los datos personales contenidos en el Banco Nacional de Datos Forenses deberán ser tratados de acuerdo con las disposiciones jurídicas aplicables en materia de transparencia y protección de datos personales». La obtención, administración, uso y conservación de información forense deben realizarse con pleno respeto a los derechos humanos reconocidos por la Constitución Política de los Estados Unidos Mexicanos, los Tratados, así como de otros acuerdos con las instituciones internacionales que cuenten con bases de datos o bancos de datos forenses. Algo considerable es: «una vez identificada la Persona Desaparecida o No Localizada, los titulares de los datos personales o sus familiares, según sea el caso, podrán solicitar el tratamiento de sus datos en los términos de la legislación de la materia».

En su sección cuarta, sobre la disposición de cadáveres, esta ley ha considerado algo muy de cerca con la Ley General de Salud, como sigue: en el art. 129 se obliga a «las autoridades correspondientes a recabar, ingresar y actualizar las muestras necesarias para ingresar los datos al Registro Nacional de Personas Fallecidas y No Identificadas con el propósito de la identificación de un cadáver o resto humano antes de inhumarlo, a partir de los procedimientos establecidos por el protocolo homologado aplicable»; y además autoriza al «Agente del Ministerio

Público de la Federación la inhumación de un cadáver o resto humano no identificado. En el caso de inhumación, se tomarán las medidas necesarias para asegurar que esta sea digna, en una fosa individualizada, con las medidas que garanticen toda la información requerida para el adecuado registro y en un lugar claramente identificado que permita su posterior localización».

En la sección quinta, relacionada con las herramientas tecnológicas, también se mencionan las características de las bases de datos y los registros referidos en esta ley que estamos revisando, y en el art. 132 exige a la Fiscalía General de la República «los lineamientos tecnológicos necesarios para garantizar que los registros y el Banco Nacional de Datos Forenses cuenten con las siguientes características: reflejen automática e inmediatamente cada registro en el Registro Nacional para efectos estadísticos, estén interconectados en tiempo real y su información esté respaldada; una vez ingresada la información de un Reporte, Denuncia o Noticia en el Registro Nacional, puedan realizar una búsqueda automática en las bases de datos referidas en esta Ley, y no cuenten con la posibilidad de eliminar registros».

Por último, en el art. 133 exige a la Federación y a las entidades federativas contar al menos con «el Registro Nacional de Fosas, el cual deberá contar con la información respecto de las fosas comunes que existen en los cementerios y panteones de todos los municipios del país, así como de las fosas clandestinas que la Fiscalía, así como las Fiscalías y Procuradurías Locales, localicen».

La Ley General de Víctimas, en su última reforma publicada en el DOF 28-04-2022, alude a un tema que ya fue tratado y es el tratamiento de los datos personales, debido a que se menciona un Registro Nacional de Víctimas en el cual se ingresarán datos que deberán tratarse con confidencialidad y en el que se encuentran datos genéticos. ¿Dónde está este registro? ¿Quién lo maneja y tiene la custodia? ¿Ha dado resultados que han sido utilizados para dictar alguna sentencia? Las respuestas, hasta hoy, son desconocidas.

Pasemos ahora a revisar otras referencias legales que, afortunadamente, están operando en nuestro país:

La Ley Reguladora de Bases de Datos Genéticos para el Estado de Chihuahua es la única ley mexicana que regula un «... Sistema Estatal de Registros de ADN, constituido sobre la base de huellas genéticas determinadas con ocasión de una investigación penal, así como para los procedimientos de determinación de parentesco biológico, identificación de cadáveres, restos óseos, óbitos, fetos o de averiguación de personas desaparecidas, y que la obtención de la huella genética se realizará por profesionales y técnicos que se desempeñen en los Laboratorios de Genética Forense pertenecientes a la Dirección de Servicios Periciales y Ciencias Forenses de la Fiscalía General del Estado de Chihuahua...».

En su artículo 2.º, esta ley estipula que «... la administración y custodia del Sistema estará a cargo de la Fiscalía General del Estado, a través de la Dirección de Servicios Periciales y Ciencias Forenses, correspondiéndole el ingreso y la gestión de la información...». También señala en su artículo 4.º que «... la información contenida en el Sistema y, en particular, las muestras biológicas y las huellas genéticas, se considerarán datos sensibles de sus titulares...», marcando en su artículo 6.º quiénes integran el registro y, en su capítulo III, cómo se realiza la toma de muestras, la obtención de evidencias, la determinación de huellas genéticas y el cotejo de las mismas; además, en su capítulo IV indica cómo se realiza la administración del sistema estatal de registros de ADN.

Esta ley está operando desde el 01 de abril de 2009 y ha sido de gran éxito para los fines que fue creada. Considero que, además de marcar un hito en la investigación genética forense en México, muchos estados que cuentan con bases de datos genéticos bien podrían **crear una ley reguladora tomándola como base** o, incluso, **conjuntarse para crear una ley a nivel federal.**

Un intento de regulación para el manejo de bases de datos genéticos en México es el que está realizando la Ciudad de

México. El 24 de diciembre de 2019 se decretó la Ley por la que se crea el Banco de ADN para el Uso Forense de la Ciudad de México, y se crea un Banco de ADN que maneja la Fiscalía de la Ciudad de México. Si bien, como todas las bases de datos, será de gran ayuda para la investigación de los delitos, no debe tomarse como la única herramienta disponible ni hacerse un uso indiscriminado de ese banco, sino cumplir con los principios de intimidad, proporcionalidad, presunción de inocencia y otros que tutelan los derechos humanos y las garantías constitucionales.

Mencionaremos también el Código Penal Federal, última reforma publicada en el DOF 12-11-2021, que señala en su Título IX, referente a la «Revelación de secretos y acceso ilícito a sistemas y equipos de informática», lo que podría reglamentar sobre la base de datos genéticos CODIS, de actual uso por el Centro Federal Pericial Forense perteneciente a la Fiscalía General de la República, y en su Título XI, capítulo I, referente a los Delitos Cometidos por Servidores Públicos, a lo que podrían estar sujetos los operadores o quienes tengan la salvaguarda de esa base de datos.

En el Código Nacional de Procedimientos Penales, última reforma publicada en el DOF 19-02-2021, en su artículo 15 señala el derecho a la intimidad y a la privacidad y que «En todo procedimiento penal se respetará el derecho a la intimidad de cualquier persona que intervenga en él; asimismo, se protegerá la información que se refiere a la vida privada y los datos personales, en los términos y con las excepciones que fijan la Constitución, este Código y la legislación aplicable».

En el capítulo III, art. 113, fraccs. I y VI, se habla sobre los derechos del imputado, que son, entre otros: «A ser considerado y tratado como inocente hasta que se demuestre su responsabilidad» y «A no ser sometido en ningún momento del procedimiento a técnicas ni métodos que atenten contra su dignidad, induzcan o alteren su libre voluntad». Así que, cuando en los actos de investigación se realicen tomas de muestras biológicas, lo expresado en este artículo debe tomarse en cuenta. Además:

¿cómo se ingresarían los perfiles genéticos obtenidos a partir de esas muestras a una base de datos? ¿Como imputado? ¿Y si se declarara inocente? ¿Se eliminarían esos datos de la base? No olvidemos que para realizar los actos de investigación será necesaria la intervención de personal con competencia que, por cierto, además de ser competente en la toma de muestras biológicas, también lo sería para la obtención de perfiles genéticos, su cotejo, manejo y resguardo en esa base de datos.

Con relación a normas técnicas mexicanas que regulen el uso, manejo y almacenamiento de datos genéticos, en nuestro país no existen tales, aunque la Norma NMX-EC-17025-IMNC-2018, *Requisitos generales para la competencia de los laboratorios de ensayo y calibración*, bien podría aplicarse a los laboratorios forenses en sus requisitos 7.5 y 7.11, referentes al control de registros, control de datos y gestión de la información, lo que aplicaría a cualquier tipo de bases de datos criminalísticas.

Para tener una mayor idea sobre la jerarquía de toda la legislación anteriormente revisada, consulta la fig. 9 en la que podrás ver que, para la creación de una ley reguladora de bases de datos genético-forenses, es necesario abarcar los preceptos jurídicos aquí revisados, seguramente otros más, y que esa ley bien podría tener una jerarquía de Ley General.

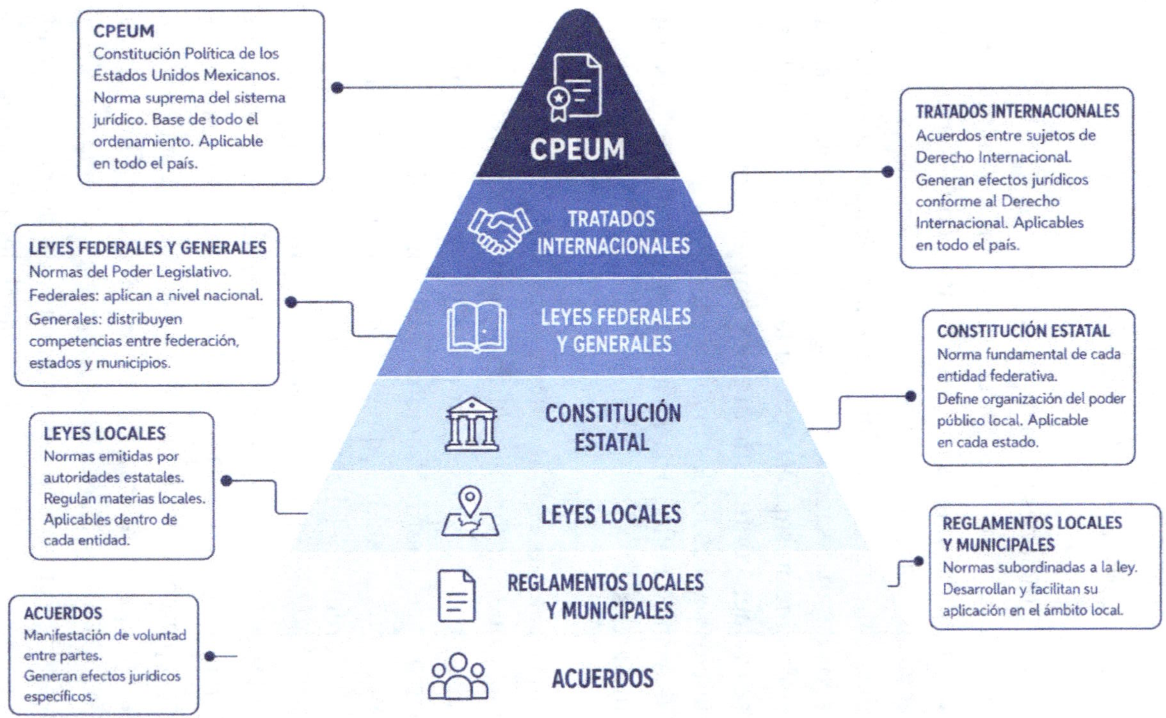

Fig. 9. Jerarquía de las leyes aplicables en México.

Toda la legislación anteriormente mencionada, y que incluso fue modificada en años recientes, cuando el número de desaparecidos se disparó enormemente y ya se habían creado nuevas instituciones como la Comisión Nacional de Búsqueda y el Centro Nacional de Identificación Humana, requiere para aplicarse que:

- Las instituciones trabajen en equipo,
- haya una comunicación continua con los colectivos de búsqueda, con los servicios forenses, con las fiscalías estatales y con la Fiscalía General de la República,
- exista un liderazgo **realmente interesado** en encontrar a los desaparecidos o a un asesino o a un violador serial,
- se destine presupuesto para que estas acciones se realicen,
- se evalúen continuamente los avances, proponiendo objetivos para todos los involucrados, y
- se evalúe la eficiencia de las bases de datos actualmente utilizadas.

Algunas cuestiones que durante mi vida laboral siempre he tenido y que aún no he podido responder son: ¿Dónde están localizados y quiénes conforman el Sistema Nacional de Información y el Centro Nacional de Información? De las leyes de reciente creación: ¿quiénes operan el Banco Nacional de Datos Forenses, el Registro Forense Federal y el Registro Nacional de Fosas? ¿Sus operarios son personal competente? ¿Sus *software*s de operación han sido validados? ¿Realmente están interconectados en tiempo real? ¿Sus instalaciones son suficientes para atender los servicios forenses? ¿Pueden los recursos asignados atender la crisis forense actual? ¿Qué casos ha resuelto la Comisión Nacional de Búsqueda? ¿A cuántos NN ha identificado? ¿Por qué crear comisiones de búsqueda cuando las fiscalías estatales y la Fiscalía General de la República ya se encargan de eso? ¿Esto no estará creando más falta de coordinación? ¿Cuánto tiempo estará operando el Centro Nacional de

Identificación Humana, solo un sexenio o dos? Las respuestas a estas interrogantes yo no las he escuchado en medios de comunicación ni en las comunicaciones sociales que **deben tener** las instituciones gubernamentales.

Cabe aclarar que elogio el trabajo tan comprometido que, me consta, a diario realizan los servicios periciales de las fiscalías estatales y de la Fiscalía General de la República, así como el que está realizando el Centro Regional de Identificación Humana ubicado en Coahuila, y que mis preguntas están encaminadas a encontrar las razones por las cuales no se trabaja en coordinación entre las instituciones que ya mencioné para combatir y resolver la actual crisis forense que vive mi país. A mí me agobia ver que cada sexenio se buscan pretextos y culpables para explicar la actual crisis forense y que, lejos de resolverla, solo dilatan la procuración de justicia.

Las fiscalías estatales y la general de la república requieren recursos tecnológicos, infraestructura y personal competente, cuya asignación no sea mermada, desorganizada, ni por motivos políticos, sino posterior a un **minucioso diagnóstico legal, socioeconómico e institucional** incluyendo la formación y actualización del personal, entre otros. Cuando en los medios de comunicación se enfatiza la falta de recursos en estas instituciones, me hago la siguiente pregunta: ¿por qué anualmente se les disminuye el presupuesto cuando la atención de la crisis forense actual debería ser una prioridad nacional?

Desafortunadamente, las respuestas a todas estas interrogantes muchas personas y yo las conocemos. No quisiera ahondar en temas políticos porque no es el objetivo de esta guía rápida, pero sí quiero insistir en que ¡me parece muy ruin que los gobiernos, de todos los partidos que han gobernado este país, no den prioridad a la seguridad pública ni a la procuración de justicia, que no les interese encontrar a los desaparecidos ni lograr la identificación de los cadáveres que por meses y años han estado en fosas clandestinas, en fosas comunes o en los refrigeradores de un SEMEFO!, que ¡me parece muy infame que sean ciegos, sordos e insensibles ante la actual situación de inseguridad y crisis en los servicios de procuración de justicia y de los servicios forenses, y que nada productivo estén haciendo ante los más de 100 000 desaparecidos en este mi país!

Diariamente me pregunto: ¿qué están esperando los gobiernos federal y estatales para actuar ante esta crisis? ¿Qué nos unamos y protestemos todos los dolientes hartos de tanta inseguridad? ¿Que se unan todos los presos que llevaron un mal proceso penal y los declararon culpables sin serlo y protesten? ¿Que se unan y también protesten los presos que ni siquiera han sido declarados culpables y aun así han permanecido recluidos? ¿Que haya más gobernantes asesinados o desaparecidos? El pasado año electoral ¡hubo varios homicidios de extranjeros, periodistas y de personas candidatas a puestos de gobierno! Y este año ha habido varios asesinatos de alcaldes y aun así... ¡no se hace algo que realmente resuelva la crisis de inseguridad!

Afligida, creo sinceramente que ¡ni el gobierno federal ni los gobiernos estatales actuales harán algo que realmente resuelva la crisis forense, el tema de desaparecidos, ni la inseguridad en mi país!, ¡como tampoco lo hicieron los anteriores gobiernos!, y no quiero introducir politiquería; más bien, lo que quiero, lo que considero necesario en nuestros gobernantes federales y estatales, es ¡tener más interés, más empatía y más respeto por los familiares de personas desaparecidas! O por ¡esos niños y jóvenes que actualmente están siendo reclutados por narcotraficantes! Con estas últimas reflexiones no quiero que mengüen los ánimos para el arduo trabajo que, me consta, realizan a diario los servicios periciales, sino, por el contrario, quiero invitarlos a continuar preparándose y colaborando ¡con ese amor que a diario ponen en sus actividades científicas!

Sección III: uso, protección y transferencia de datos genéticos

Como ya revisamos en las secciones anteriores, el uso, manejo y protección de datos pertenecientes a una base cuyo uso es con fines de investigación, contemplada en los códigos civiles y penales, requiere de inmediato de una normatividad para poder usar, compartir, comparar, analizar, transferir y proteger esos datos.

Si estamos hablando de perfiles genéticos y de la información ligada a ellos, obtenida de actos de investigación como serían la inspección o el levantamiento de cadáveres, entre otros, es necesario que **el laboratorio** establezca políticas para ingresar, compartir, transferir y proteger todos los datos que se obtengan a partir de esos actos de investigación. Si los perfiles genéticos se obtuvieron a partir de un acto de revisión corporal de un acusado, deberá existir un consentimiento informado y autorizado por el donante, en el cual se le explique ¿cómo será el proceso de toma de muestra? ¿para qué y por qué se realiza? y ¿qué fines tiene esa toma? Como ya sabemos, si un acusado se negara a la donación, será necesaria la autorización judicial y, una vez obtenido el perfil genético, podrá ingresarse y cotejarse en una base de datos.

Continuando con el uso de los datos genéticos, no olvidemos contemplar esas muestras que han sido abandonadas u obtenidas con engaños o de forma subrepticia, o bien, que fueron donadas por otro motivo, por ejemplo, clínico, y ahora se les da un fin diferente; también recordemos aquellas muestras que se levantan cuando, entrevistando al acusado, se le comparte un chicle o un cigarro. ¿Es legal este tipo de muestra? ¿Es indubitada? ¿Cómo comprobaríamos que realmente pertenece al acusado? ¿Con la palabra del policía? ¡Sabemos que debemos contar con un registro!

Tratemos ahora el tema de la protección. Todos los datos genéticos deberán estar protegidos contra un mal uso, cambio o eliminación, de manera que distingamos quién, qué y por qué se realizaron esos cambios. Es necesario también establecer políticas en el laboratorio sobre la transferencia de esos datos a otras instituciones que los requieran y la manera en que se realizará. Para llevar a cabo esto, solo se requieren contraseñas, accesos restringidos y que en la propia base de datos se registre quién hizo qué y por qué; afortunadamente, ¡la mayoría de las bases de datos patentadas ya realizan esto! Adicional a ello, también es necesario tener un control de los documentos recibidos y emitidos para conocer qué instituciones están haciendo uso de estos datos y que también tienen la responsabilidad de protegerlos.

Para precisar en estos temas, actualmente en México solo los laboratorios genético-forenses que están acreditados bajo la norma ISO/IEC 17025:2017 tienen establecidas estas políticas, desde el manejo de los *softwares*, hasta los cambios, interpretación, eliminación o transferencia de datos genéticos entre instituciones, y se apoyan en esta norma para validar esos procesos, pero insisto... una normativa que regule a nivel estatal o nacional este uso solo existe en el estado de Chihuahua.

Pondré un ejemplo para precisar por qué la normatividad sobre bases de datos genéticos es tan necesaria e impostergable:

Si la Fiscalía General de la República solicitase compartir perfiles genéticos a la Fiscalía General del estado de, por ejemplo, Tamaulipas o viceversa:

- ¿Cuándo debería realizarse?
- ¿Cómo se transferirían estos datos?
- ¿Datos crudos o ya analizados?
- ¿Datos impresos o en electrónico?
- ¿Entre cuáles autoridades se solicitarían?
- ¿En qué casos no podrían compartirse?

Y si se tratase de una institución extranjera, por ejemplo, INTERPOL, ¿operarían igual? A la fecha, no hay una normatividad al respecto, por lo que **cada institución fija sus propias pautas** y así debe darse a conocer a quien lo solicite.

Otro tema también sustancial para las bases de datos genéticos es cómo se realizan las clasificaciones y los cotejos, pues estos son diferentes dependiendo de los *softwares* que se manejan, y en los cuales existen clasificaciones y cotejos según convenga a la institución: muestras relacionadas con delitos sexuales, muestras de acusados, muestras de familiares, etc.; y, por ejemplo, se cotejan muestras relacionadas con delitos sexuales con muestras de acusados, o como lo haya solicitado el fiscal. Por ello mencionaré algunas interrogantes para concebir que este tema también requiere reglamentarse:

- ¿Es legal cotejar un perfil genético clasificado en delitos sexuales contra un perfil genético clasificado en familiares? o, por el contrario...
- ¿Es legal relacionar el perfil genético clasificado en familiares con el de uno clasificado en delitos sexuales?
- ¿Dejaríamos sin resolver un delito sexual porque no podemos compartir una coincidencia con el perfil genético de un familiar que donó su muestra para encontrar a otro familiar en estatus de desaparecido?

Los temas expuestos en este capítulo son los que nos hacen percibir que hace falta una normativa a nivel nacional que apoye a jueces, fiscales, policías y peritos para que todo su trabajo rinda frutos lícitos y legales. La legislación internacional, como ya revisamos, sí lo contempla y ¡podríamos tomarla como base! Solo se requiere voluntad gubernamental, poner orden y trabajar en los tres poderes de gobierno, pues el trabajo pericial en las fiscalías general y estatales ya se está llevando a cabo de buena manera y lo trataremos en el siguiente capítulo.

Capítulo IV: las bases de datos genéticos actuales

Sección I: tipos y usos

En el capítulo anterior revisamos el uso, protección y transferencia de datos genéticos, pero... existen distintas bases de datos; entonces, ¿quiénes manejarían la información?, ¿cómo se compartirían los datos?, ¿qué instituciones tendrían esta responsabilidad y custodia?

Tratemos de manera somera este tema: actualmente, en México, existen más de 20 laboratorios de Genética Forense acreditados bajo la norma ISO/IEC 17025:2017, *Requisitos generales para la competencia de los laboratorios de ensayo y calibración*. ¿Y qué significa esto? Que sus actividades, análisis y resultados que **emiten tienen calidad internacional** y que sus análisis bien podrían ser comparados con los de cualquier otro laboratorio a nivel mundial.

Esto también significa que su personal es capaz de realizar un manejo, protección y transferencia de datos genéticos que tengan relación con delitos y/o asuntos del orden común y federal; pero... legalmente, ¿a quién correspondería su custodia? ¿Cuándo podrían compartirse datos y de cuál tipo? ¿Cómo solicitar esos datos? Las respuestas a estas interrogantes son las siguientes: si se trata de delitos del orden federal, la Fiscalía General de la República debería ser la garante de esta información, centralizando todos los datos que generen las fiscalías estatales, y estas compartirían su información de manera que pudiera ser consultada por todas las fiscalías, pero administrada solo por el sector central; esto es, si se requirieran cambios o eliminaciones, solo la Fiscalía General de la República podría hacerlo. Si se tratase de asuntos del orden común, las mismas fiscalías podrían administrar sus datos y compartirlos, aunque podría ser necesaria una orden judicial.

Tratemos ahora otras interrogantes: ¿qué tipos de delitos requerirían ser ingresados a las bases de datos genéticos?, ¿deberían ser solo los delitos graves?, dando prioridad a delitos como homicidio, feminicidio, secuestro y los de tipo sexual, ¿y los menos graves? Para el caso de las personas desaparecidas, que, como ya sabemos, es uno de los problemas más difíciles que actualmente afecta a nuestro país y que cada año se agrava **sin que lo resuelva el gobierno en turno**, debería existir en todas las fiscalías estatales lo siguiente:

- Una unidad especializada que, con personal policial y judicial competente, solicite a los servicios periciales los análisis idóneos,
- enfocar los recursos en las periciales que realmente aporten datos a la teoría del caso y no en las innecesarias o las que se realizan «¡para ver qué sale!»,
- verificar que los equipos y materiales que se están utilizando realmente sí sirvan antes de usarlos,
- validar todos los métodos de análisis que se utilicen durante las periciales,
- realizar un control y aseguramiento de la calidad de todos los procesos de análisis, y
- realizar una medición de los procesos, esto es, evaluar su eficacia para que, en caso de no cumplir con criterios de aceptación, estén sujetos a cambio.

Considero que también todos los actos de investigación que realiza el personal policial deberían tener este mismo enfoque para que así las pruebas que se vayan integrando a las carpetas de investigación nos dirijan a la localización de las personas, **sin desperdiciar recursos en reunir datos que nada aportan o que, por el contrario, dilatan la investigación**. Lo anteriormente mencionado, reitero, requeriría de una legislación a nivel nacional que exija su aplicación en todo el país.

En el Capítulo III, sección dos, comentamos que el estado de Chihuahua ya cuenta con legislación estatal sobre bases de datos genéticos y que solo haría falta darle una aplicación federal, que, aunada a la exigencia de aplicación de protocolos de actuación homologados en todo el país, **ayudaría en gran medida a la localización de los desaparecidos en este país.**

Como último punto en esta sección, mencionaré que también existen *softwares* patentados que realizan los cálculos estadísticos para establecer índices poblacionales, probabilidades de parentesco, índices de verosimilitud, etc., y que nos auxilian a entender cuán posible es la repetición de un perfil genético obtenido a partir de una muestra biológica perteneciente a una persona de interés, sea acusada o desaparecida, y que trabajan con las mismas bases científicas que ya explicamos, por lo que obtener este tipo de *software* sería muy conveniente.

En esta sección lo que realmente quise enfatizar es la necesidad de contar con una legislación sobre el uso, transferencia y protección de los datos genéticos que se encuentran en una base y que mucho de esa legislación ya está actualmente en uso y solo falta trabajar más en equipo para poder implementarla a nivel nacional. Pero, en específico... ¿cuáles serían los datos necesarios en una base de datos genéticos?, ¿cuál es la información que se requeriría usar, compartir y legislar? Este tema lo trataremos en la siguiente sección.

Sección II: información de ingreso y egreso

La información que se ingresaría a una base de datos genéticos dependerá del uso que tendrá; por ejemplo, ¿se requerirá con fines criminalísticos? ¿o para registrar datos de personas en calidad de desconocidas? ¿o ambos? Vamos a suponer que requerimos «procesar datos» de muestras levantadas en lugares de investigación; se requerirán:

- el número de la carpeta de investigación,
- los generales de ese lugar, incluyendo sitio exacto y fecha,
- nombres de las personas que las levantaron y embalaron, y
- algunas características relevantes para la investigación, como serían número de personas involucradas, tipo de delito que se persigue, su relación con otra investigación, etc.

Ahora, vamos a suponer que se trata de muestras de referencia, es decir, las donadas por víctimas, acusados, familiares de personas desaparecidas, es decir, por personas de interés; se requerirían:

- el número de la carpeta de investigación,
- los generales de esas personas, como serían su nombre completo, edad y sexo,
- lugar y fecha de donación de la muestra,
- nombres de las personas que las tomaron y embalaron,
- algunas características relevantes para la investigación, como serían fecha y lugar del presunto delito o fecha y lugar de la desaparición, características particulares de la persona desaparecida, y
- las relaciones de parentesco de los donantes con las personas desaparecidas, dato muy importante, puesto que esta información nos permitirá establecer árboles genealógicos necesarios para la identificación.

Todos estos datos podrían reunirse en un formato homologado a nivel nacional como una acción obligada, y ya existe uno que podría utilizarse como base y solo requeriría realizarle los cambios que actualmente se necesitan; me refiero, ¡claro!, al registro de cadena de custodia, aplicando lo ya descrito en la Guía nacional de cadena de custodia. Este formato, más los cambios por hacer en la mencionada guía, podrían incluirse en la nueva legislación sobre bases de datos genéticos para lograr que la información se comparta entre todas las bases de datos estatales, para que así todos los laboratorios la conozcan y puedan usarla legalmente en la identificación de las personas. Reitero, esto tiene que realizarse por personal declarado competente, es decir, que reúna y haya demostrado el conocimiento, la experiencia, las destrezas y los valores para, tener acceso, manejar y saber interpretar los resultados de esas bases de datos.

Con respecto al personal que trabaja en seguridad pública, muchos se cuestionan si sus datos genéticos requerirían estar en las bases de datos. La respuesta es sí. Podría ser por donación voluntaria, pero aquellos que estuvieron en contacto con los indicios desde su levantamiento, análisis y disposición final **deberían estarlo**, porque es una manera de detectar el origen de una contaminación.

Por ejemplo, en aquellos casos mediáticos cuando, desafortunadamente, en muchos de ellos no se aplican los protocolos y se quieren obtener resultados casi de manera mágica, generalmente acuden al lugar de investigación todo tipo de personas que ni siquiera tendrían por qué intervenir. Una manera de fortalecer el control de calidad es contar con los perfiles genéticos de todos los «intervinientes» para que, en caso de obtenerse mezclas genéticas, descartemos totalmente que uno de ellos sea un contribuyente, es decir, que haya contaminado las muestras biológicas.

Otra duda también recurrente en cuanto a la información contenida en las bases de datos genéticos es el tiempo de permanencia de esos datos. Algunas legislaciones internacionales, como las ya mencionadas en el capítulo tres, indican que indefinidamente, sobre todo para casos de investigación que no han sido cerrados; otras leyes indican que la permanencia sería mientras el delito no haya prescrito, pero… volvemos a lo mismo, ¡no hay una legislación nacional al respecto! ¿Qué propongo? Mantener por tiempo indefinido los datos y solo «eliminarlos» por mandato judicial; para esto, el juez determinaría si realmente lo amerita, por ejemplo, en aquellos casos cuando el acusado ha sido sentenciado como «inocente» y, entonces, estaría en su derecho de solicitar que se «eliminen sus datos» de esa base.

Quiero insistir en que las bases de datos genéticos de uso forense son muy diferentes a las bases de datos de otro uso, como serían clínicos, genealógicos, etc. Es por esto la necesidad de una legislación nacional específica en la cual intervengan especialistas, colectivos de búsqueda y ¡no sólo políticos! En la fig. 10 puedes visualizar los logotipos de las bases de datos patentadas que actualmente están en uso por las fiscalías.

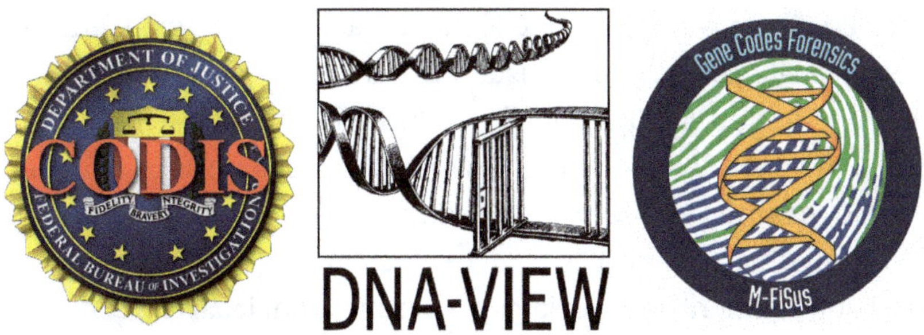

Fig. 10. Logos de las distintas bases de datos patentadas

Capítulo V: ¿cómo interpretar los resultados de un dictamen en Genética forense?

Antes que nada, debemos conocer... ¿qué es un dictamen? La Real Academia Española nos dice que es una opinión o juicio técnico que se emite sobre algo; detengámonos entonces en las palabras opinión y técnico, que nos refieren a una reflexión con base en su conocimiento que alguien realiza. Ese alguien, entonces, necesita ser un especialista o experto sobre lo cual opinará.

El Código Nacional de Procedimientos Penales menciona en su artículo 368 (se podrá realizar la prueba pericial cuando, para el examen de personas, hechos, objetos o circunstancias relevantes para el proceso, fuere necesario o conveniente poseer conocimientos especiales en alguna ciencia, arte, técnica u oficio). Asimismo, menciona en el artículo 369 (los peritos deberán poseer título oficial en la materia relativa al punto sobre el cual dictaminarán y no tener impedimentos para el ejercicio profesional, siempre que la ciencia, el arte, la técnica o el oficio sobre el que verse la pericia en cuestión esté reglamentada; en caso contrario, deberá designarse a una persona de idoneidad manifiesta y que preferentemente pertenezca a un gremio o agrupación relativa a la actividad sobre la que verse la pericia).

Consideremos, además, que este experto muy probablemente requiera exponer sus conclusiones de manera verbal y ante un juez, para que este logre una comprensión y convencimiento sobre los hechos que se investigan. De aquí la necesidad de que los dictámenes periciales estén sobre los objetos, lugares, acontecimientos o personas que **realmente están relacionados** con los presuntos delitos que se investigan y una vez que el Ministerio Público o el policía, al considerar los datos de prueba y los actos de investigación, decidieron que **aportarán a la teoría del caso**. No es recomendable, y debería ser punible, realizar actividades periciales «para que se registre que sí hicimos algo» o «para aumentar las estadísticas gubernamentales», pues esto solo fomenta el gasto de los recursos y la sobrecarga de trabajo tanto en los juzgados como en los servicios periciales.

Aunado a lo anterior, no olvidemos que el Código Nacional de Procedimientos Penales menciona en sus artículos 274 y 275 la realización de peritajes irreproducibles y especiales, de los cuales los peritos en Genética Forense realizan varios, pues sus técnicas se aplicarán sobre indicios escasos, como sería en los delitos sexuales, en los cuales pudieran existir muestras únicas. Esta situación deberá comunicarse al Ministerio Público o a quien esté solicitando el peritaje.

Pero ¿de qué consta un dictamen en genética forense? ¿Hay alguna normatividad al respecto? Las respuestas las tendremos enseguida. Recordemos que actualmente muchas de las fiscalías estatales, e incluso la Fiscalía General de la República, tienen acreditados sus procesos de análisis genéticos y todo un sistema de gestión de calidad que regula sus actividades bajo la norma *ISO/IEC 17025:2017. Requisitos generales para la competencia de los laboratorios de ensayo y calibración*, sosteniendo y dando validez a sus resultados, lo que obliga a estos laboratorios a cumplir con el requisito 7.8.2.1 de esa norma, en el cual se solicita, entre otra, la siguiente información para un dictamen:

a. Título.
b. Nombre y dirección del laboratorio.
c. Identificación de todos los componentes del dictamen.
d. Nombre e información del solicitante del análisis.
e. Métodos utilizados y sus desviaciones, cuando se hayan realizado.

f. La descripción y la identificación de los objetos analizados.
g. Fechas de recepción, de muestreo, de análisis y de emisión del dictamen.
h. Una declaración de que los resultados solo se relacionan con los objetos analizados.
i. Identificación de quién autoriza el dictamen.

Este requisito no menciona los resultados y las conclusiones derivados de esos análisis ni la identificación de quien emite el dictamen, pero es obvio que esta información no debe omitirse porque es sumamente necesaria para quienes leeremos esos dictámenes. Esos resultados, de los cuales derivan las conclusiones, incluyen los análisis de qPCR, de la electroforesis capilar y, por supuesto, los del uso de las bases de datos, para que, en caso de que otro especialista llegue a leer ese dictamen o a verificar los resultados, pueda confirmar las conclusiones y evaluar si son o no congruentes.

Deteniéndonos entonces en los resultados y conclusiones de los dictámenes, requerimos entender lo que significan algunas de las frases que los peritos utilizan en estos, por lo que citaré algunas, sin significar que necesariamente así deban redactarse. Las frases que deben utilizarse en un dictamen pericial cada fiscalía las pormenoriza en sus manuales e instructivos. Daré una explicación a cada una de las descritas en la siguiente tabla y seré muy precisa, con fines de fácil entendimiento:

Consecutivo	Frase	Significado
1	Los perfiles genéticos son coincidentes.	Pertenecen a la misma persona.
2	Los perfiles genéticos son parciales.	Que no se obtuvieron todos los marcadores genéticos del sistema empleado, muy probablemente a que el ADN se encontraba degradado.
3	No se obtuvieron perfiles genéticos.	Las muestras analizadas no contenían ADN o este se encontraba en una concentración no detectable por los métodos del laboratorio.
4	Son necesarias otras muestras biológicas o los perfiles genéticos de otros familiares para confirmar o descartar una probable relación de parentesco.	Se detectó una coincidencia genética, pero es necesario descartar que sea fortuita.
5	Se obtuvo una mezcla ininterpretable de perfiles genéticos.	Se detectó una mezcla genética que por las alturas de los picos electroforéticos no rebasan los umbrales establecidos por el laboratorio, o la mezcla contiene más de dos contribuyentes.
6	Se obtuvo una mezcla de perfiles genéticos de al menos dos contribuyentes.	Dos personas están conformando el perfil genético obtenido, pero no es posible asegurar si hay más, con los métodos aplicados.
7	Los perfiles genéticos obtenidos fueron ingresados a la base de datos sin detectarse alguna coincidencia.	Los perfiles genéticos obtenidos cumplieron los criterios de aceptación para ser ingresados a una base de datos pero no se establecieron coincidencias, sin embargo, esto no significa que posteriormente sí se establezca alguna.
8	Los perfiles genéticos obtenidos fueron ingresados a la base de datos y permanecerán para futuras confrontas.	Los perfiles genéticos obtenidos cumplieron los criterios de aceptación para ser ingresados a la base de datos y se estarán cotejando continuamente.
9	Se determinó una probabilidad de coincidencia al azar del ... %	Es una medida de que tan raro es el perfil genético determinado; mientras la probabilidad sea mayor, el perfil genético es más común.
10	La probabilidad de que una persona seleccionada al azar tenga este perfil genético es del 3.61%.	Casi tres de cada cien personas pueden tener este perfil genético, lo cual significa que es bastante común.
11	Se determinó un LR de 3.61.	Es 3.61 veces más probable que el perfil genético obtenido de la evidencia analizada provenga de la persona de interés, a que provenga de otra seleccionada al azar de la población y no relacionada con aquella.
12	Existe un 3.61 % de probabilidad de que una persona seleccionada al azar de la población pueda ser excluida como un contribuyente a la mezcla genética obtenida	La probabilidad de encontrar a otra persona con el mismo perfil genético y que pueda ser excluida como un contribuyente a la mezcla obtenida es muy baja ya que los valores de probabilidad pueden variar del 0 al 100.
13	Se determinó un LR del 3.61 considerando que los contribuyentes de la mezcla genética son el imputado y una persona desconocida	Es 3.61 veces más probable que el perfil genético del imputado y de una persona desconocida se encuentren presentes en la mezcla obtenida, a que se encuentren el de otras dos personas desconocidas y seleccionadas al azar de la población.

Capítulo VI: el valor probatorio del análisis genético en una investigación criminal

Este es el último capítulo del libro y ocupa este lugar porque necesitábamos entender los fundamentos, falacias y significados, así como concatenar todo lo anterior para comprender y dimensionar el valor probatorio de la pericial en Genética Forense.

Recordemos que el imputado y la víctima tienen derechos que están citados en el art. 20 de la CPEUM y a los cuales deberemos apegarnos si no queremos que nuestra prueba pericial se declare nula. Así también, recordemos la presunción de inocencia y que solo se podrá condenar al acusado si el juez o el tribunal de enjuiciamiento llega a la total convicción de su culpabilidad más allá de toda duda razonable y que, en caso de alguna duda, **deberá absolverlo.**

Regresando nuevamente a lo que establece el Código Nacional de Procedimientos Penales, en sus artículos 357 a 359, recordemos que la prueba pericial no tendrá valor probatorio si no ha sido realizada apegada a derecho, esto es, descartando actos violatorios de ley. Aunado a esto, es necesario que los elementos materiales probatorios sean incorporados al proceso y que los medios de prueba se desahoguen durante las audiencias de debate, salvo las excepciones previstas para que sean consideradas pruebas. Una vez incorporadas y desahogadas, el juez o el tribunal de enjuiciamiento, también llamado juez de debate, las valorará y adminiculará de manera libre y lógica, usando el sentido común y su experiencia, buscando congruencia, consistencia, verosimilitud, no contradicción ni subjetividad y, preferiblemente, una base científica.

Al momento de concluir, ese juez o tribunal deberá hacer referencia a los razonamientos que realizó sobre todas las pruebas, incluso sobre aquellas que hubiese desestimado, indicando ante los presentes las razones que tuvo para así hacerlo y expresando su resolución jurisdiccional.

Para entender más sobre el valor probatorio de la pericial en Genética Forense, y de cualquier pericial, incorporemos los principios de economía y utilidad procesales, ligándolos a las características que deberán tener los medios de prueba para que sean admitidos por el juez o el tribunal de enjuiciamiento. La economía procesal está encaminada al ahorro de recursos cognitivos, **promoviendo** la exclusión de pruebas sobreabundantes. La utilidad procesal está orientada a la relevancia e idoneidad del material probatorio, **promoviendo** la exclusión de pruebas impertinentes e innecesarias. Esto significa que ambas partes del juicio tendrían que ofrecer medios de prueba **suficientes y útiles**, sin olvidar que las pruebas deben contar con las características de **licitud y legitimidad**.

Recordemos: lo que necesitamos es hacerle llegar al juez o al tribunal de enjuiciamiento la información que le permita tener conocimiento de los hechos, los intervinientes, las causas y las consecuencias, y nada más. No es necesario colmar al juez con datos ni tampoco que estos sean escasos, sino los justos para que la fiscalía pueda comprobar todos los elementos del tipo penal: la conducta, la tipicidad, la antijuridicidad y la culpabilidad del acusado.

En estos temas, economía y utilidad procesales, quiero detenerme un poco y tratar sobre el ahorro de actividades en un proceso penal. No en todos los juicios las periciales son los medios de prueba idóneos; podría ser suficiente presentar testimoniales, documentos, inspecciones, etc., dependiendo de la teoría del caso. Además, de las periciales que se realicen, no siempre la pericial en Genética Forense es necesaria; habría que revisar el tipo de delito, los hechos, escuchar a los testigos y luego revisar y concatenar todo para decidir cuáles serían las pruebas por solicitar, por desahogar y posteriormente integrar a la carpeta de investigación, siempre y en todo momento **apegado a derecho** para que sean admitidas por un juez.

Meditemos también sobre lo siguiente: es el juez o el tribunal de enjuiciamiento quien dará el valor probatorio a cada una de las pruebas desahogadas, incluyendo las periciales, y uniendo todas las valoraciones podrá dictar sentencia. NO son los peritos quienes deben declarar al acusado culpable o inocente; ellos **solamente analizarán los indicios y emitirán conclusiones sobre sus análisis.**

Algunas cuestiones que podrían considerar los peritos para emitir sus conclusiones serían: ¿es la cantidad de DNA extraído, a partir de las muestras analizadas, suficiente para obtener un perfil genético? ¿La calidad del DNA extraído me permite realizar comparaciones? ¿En las muestras analizadas está presente el DNA del acusado? ¿Hay alguna otra persona presente además de la de interés en los resultados genéticos? ¿Al ingresar los perfiles genéticos a la base de datos se encontró alguna coincidencia que pudiera ser fortuita? Recordemos que, después de haber obtenido los perfiles genéticos a partir de las muestras dubitadas e indubitadas, es obligatorio realizar una comparación entre estos, ya sea directa o en una base de datos, para establecer si son o no coincidentes o si existe alguna relación de parentesco y posteriormente emitir un resultado probabilístico para dar un valor estadístico en caso de coincidencia.

Precisemos entonces: al realizar una comparación entre los perfiles genéticos podemos establecer una coincidencia o una relación de parentesco. Una vez establecida la una o la otra, o incluso sin establecerla, se calcula una probabilidad, muchas veces llamada probabilidad de coincidencia o de discriminación. La manera más comúnmente usada por los peritos en Genética Forense es hacerlo estableciendo un índice llamado LR, o razón de verosimilitud, o, dicho de forma más entendible, ¿qué tan probable es que ese perfil genético pueda ciertamente repetirse bajo dos supuestos:

H_P= **Hipótesis de la fiscalía**
H_D= **Hipótesis de la defensa**

Estas hipótesis se formulan de acuerdo con la teoría del caso y, obviamente, la fiscalía mantiene su hipótesis de que «el acusado es culpable», y la defensa, la de que «el acusado es inocente»; esta propondrá entonces otra teoría, por ejemplo, que otra persona seleccionada al azar o un familiar es el culpable.

Para obtener estos índices de verosimilitud, o la rareza de un perfil genético, necesitamos realizar cálculos estadísticos, como los revisados en el capítulo II, utilizando frecuencias alélicas determinadas para la población de referencia, por ejemplo, las de los mestizos del Valle de México, y acorde con estas frecuencias podremos asignar un valor al LR. Este valor **solo establecerá cuántas veces es más probable que ese perfil genético se repita** y, de ninguna manera, establecerá la culpabilidad del acusado ni, menos aún, si es poco culpable o prácticamente probado que es culpable, como se ha entendido en algunos dictámenes periciales; **esto es absolutamente erróneo**.

Lo que sí es correcto es que el juez o el tribunal de enjuiciamiento **considere los distintos valores de LR proporcionados por otras pruebas periciales** y los multiplique por la información del caso, conocida *a priori*, para determinar una probabilidad *a posteriori* o probabilidad de culpabilidad, de acuerdo con la siguiente ecuación:

$$Probabilidad_{\,a\ posteriori} = Probabilidad_{\,a\ priori} \ \mathbf{X} \ LR$$

¿Qué significa esta ecuación?: Que el juez o el tribunal de enjuiciamiento **debe considerar todas** las pruebas desahogadas y darle un valor a cada una, y no solamente considerar la pericial en Genética Forense menospreciando las demás. En muchos juicios esta prueba **ni siquiera se realiza** porque otras periciales apoyaron la teoría del caso, y en otros esta prueba **solo crea** una duda razonable que, aprovechada por la Defensa, logra exonerar al acusado de ser culpable, ¡cuando en realidad lo es y solo por falacias de la Defensa que lograron confundir al Juez o al Tribunal de Enjuiciamiento!

Finalizando este capítulo, quiero dirigirme a las personas abogadas: **no soliciten la pericial a diestra y siniestra ni gasten los recursos sociales o los de su defendido** en pruebas genéticas innecesarias que nada aportarán a su teoría del caso:

1. Establezcan una teoría y consideren cuáles pruebas la apoyarán.
2. Soliciten estas a los servicios periciales.
3. Desahóguenlas preparando a sus testigos para que esto pueda llevarse apegado a derecho y de manera que el juez o el tribunal de enjuiciamiento pueda valorarlas utilizando los preceptos ya aquí citados.

Si al haber realizado el cálculo de la probabilidad *a posteriori*, el juez o el tribunal de enjuiciamiento considera un valor de culpabilidad o no culpabilidad para quien realmente es responsable o no de un delito, las pruebas y, en específico, las periciales en Genética Forense ¡habrán tenido una razón de haberse realizado!; de no haberlo así hecho, solamente ¡estaremos gastando recursos y simulando trabajar en la procuración de justicia, fomentando la corrupción, la farsa, la displicencia y el descuido que caracterizan, desafortunadamente, al actual sistema penal acusatorio!

Conclusiones

A lo largo de esta guía rápida hemos repasado conceptos, ejemplos, normatividad y puntos de vista personales. Sinceramente, creo que te será de utilidad y que todo lo aquí reunido te ayudará a ser mejor estudiante, mejor profesionista, mejor colaborador y... ¿por qué no? Mejor persona.

En esta guía rápida tocamos temas biológicos, ecológicos y legislativos, entre otros, que puedes aplicar en tu vida diaria, ayudándote a reconocer que no sólo somos genes, sino también ambiente; que, como humanos, somos el resultado de esa interacción; y que, si bien tenemos una herencia por parte de nuestros padres, también tenemos libre albedrío para cambiar nuestro destino. Abordando el tema del destino, estoy segura de que la razón para leer esta guía rápida no solo fue aprender sobre el tema de moda, sino que también consideraste la crisis forense actual del país, y espero que haya sido para dar respuesta a unas interrogantes: ¿qué puedo hacer por mi país ante la crisis de personas desaparecidas en la que se encuentra? ¿qué puedo hacer por mi país para que a los reclusorios no sigan ingresando personas inocentes? Espero que tus respuestas hayan sido: ¡seguir aprendiendo y trabajando para ayudarme y ayudar a otros!

Sé que aprender y comprender los temas aquí tratados no será cuestión de uno o dos días, pero también sé que sentará las raíces para que quieras seguir aprendiendo. También te invito a que consultes las referencias bibliográficas citadas para una total comprensión de los temas, pero, más que nada, te invito a seguir preparándote ¡para mejorar tu futuro!

Referencias consultadas

Leyes

Código Nacional de Procedimientos Penales. Última reforma publicada en el DOF el 26-01-2024. https://www.diputados.gob.mx/LeyesBiblio/pdf/CNPP.pdf

Código Penal Federal. Última reforma publicada en el DOF el 17-04-2024. https://www.diputados.gob.mx/LeyesBiblio/pdf/CPF.pdf

Ley de la Fiscalía General de la República. Nueva ley publicada en el Diario Oficial de la Federación el 20 de mayo del 2021. https://www.diputados.gob.mx/LeyesBiblio/pdf/LFGR.pdf

Ley Federal de Protección de Datos Personales en Posesión de los Particulares. Nueva ley publicada en el Diario Oficial de la Federación el 5 de julio de 2010. https://www.diputados.gob.mx/LeyesBiblio/pdf/LFPDPPP.pdf

Ley Federal de Responsabilidades de los Servidores Públicos. Última reforma publicada en el DOF el 01-04-2024. https://www.diputados.gob.mx/LeyesBiblio/pdf/LFRSP.pdf

Ley Federal de Transparencia y Acceso a la Información Pública Gubernamental. Última reforma publicada en el DOF el 08-06-2012. http://www.inea.gob.mx/transparencia/pdf/LFTAIPG.pdf

Ley General en Materia de Desaparición Forzada de Personas, Desaparición Cometida por Particulares y del Sistema Nacional de Búsqueda de Personas. Última reforma publicada en el DOF el 01-04-2024. https://www.diputados.gob.mx/LeyesBiblio/pdf/LGMDFP.pdf

Ley General de Salud. Última reforma publicada en el DOF el 01-04-2024. https://www.diputados.gob.mx/LeyesBiblio/pdf/LGS.pdf

Ley General de Víctimas. Última reforma publicada en el DOF el 25-04-2023. https://www.diputados.gob.mx/LeyesBiblio/pdf/LGV.pdf

Ley Orgánica 10/2007, de 8 de octubre, reguladora de la base de datos policial sobre identificadores obtenidos a partir del ADN. https://www.boe.es/eli/es/lo/2007/10/08/10/con

Ley por la que se crea el Banco de ADN para Uso Forense de la Ciudad de México. Marco normativo CNDH. Fecha de publicación: 24 de diciembre de 2019. https://normas.cndh.org.mx/Documentos/Ciudad%20de%20M%C3%A9xico/Ley_CBADNUF_CdMex.pdf

Ley Reguladora de la Base de Datos Genéticos para el Estado de Chihuahua. Ley publicada en el Periódico Oficial del Estado núm. 26 el 01 de abril de 2009. https://chihuahua.gob.mx/atach2/justiciapenal/uploads/Ley%20base%20de%20datos%20geneticos%20actual%2002.10.2010.pdf

Libros

Aitken, C., Taroni, F. y Bozza, S. (2021). *Statistics and the Evaluation of Evidence for Forensic Scientists*. John Wiley & Sons Ltd. Reino Unido.

Balding, D. J. y Steele, C. D. (2015). *Weight-of-Evidence for Forensic DNA Profiles*. John Wiley & Sons Ltd. Reino Unido.

Benavente, C. H. (2017). *Prueba y Recursos en el Proceso Penal Acusatorio*. Flores Editor y Distribuidor, S. A. de C. V. México.

Butler, J. M. (2005). *Forensic DNA Typing: Biology, Technology, and Genetics of STR Markers*, 2nd Edition. Elsevier Academic Press. Estados Unidos.

Casado, M. y Guillén, M., coords. (2014). *ADN forense: Problemas Éticos y Jurídicos*. Publicacions i Edicions de la Universitat de Barcelona. España.

Crespillo, M. M. y Barrio, C. P. A., eds. (2019). *Genética forense, del laboratorio a los tribunales*. Ed. Díaz de Santos. España.

Carey, N. (2015). *ADN basura. Un viaje por la materia oscura del genoma humano*. Ed. de Intervención Cultural / Biblioteca Buridán. España.

Dagdug, K. A. (2012). *La prueba pericial al amparo de un nuevo modelo de justicia predominantemente acusatorio*. Ed. Ubijus, S. A. de C. V. México.

García, D. V., coord. (2022). *ADN, protagonista inesperado. Promesas y realidades de la investigación genética ante nuestra crisis forense*. Siglo XXI Editores. México.

García, R. D. (s. f.). *Privacidad e Identificación Forense de Personas Desaparecidas: Análisis Jurídico sobre el Intercambio de Datos Personales con Fines de Identificación Humana*. Deutsche Gesellschaft für Internationale Zusammenarbeit (GIZ) GmbH. Deutschland. https://www.infocdmx.org.mx/images/PDF/2021/Privacidad-e-identificacion.pdf

Gill, P. (2014). *Misleading DNA evidence: Reasons for miscarriages of justice*. Academic Press, Elsevier. Estados Unidos.

Guillén, M. J. (2016). *Preguntas y respuestas en la prueba pericial*. Ed. Ubijus, S. A. de C. V. México.

Levine, L. (2012). *Guía del abogado para el uso de pruebas forenses de ADN*. Fondo de Cultura Económica. México.

Nava Garcés, A. E., coord. (2019). *Derechos humanos. Temas fundamentales*. Ed. Porrúa. México.

Shrivastava, P., Ranjan, D. H., Lorente, J. A. e Imam, J., eds. (2020). *Forensic DNA Typing: Principles, Applications and Advancements*. Springer Nature. Singapur (eBook). https://doi.org/10.1007/978-981-15-6655-4

Consultas en la web

Aviso general mediante el cual se da a conocer la fecha de inicio de operación del Banco Nacional de Datos Forenses y del Registro Nacional de Personas Fallecidas No Identificadas y No Reclamadas. https://www.dof.gob.mx/nota_detalle.php?codigo=5688420

Banco Nacional de Datos Forenses – FGR. https://bndf.fgr.org.mx/

CODIS & NDIS Fact Sheet. (2017). https://www.fbi.gov/how-we-can-help-you/dna-fingerprint-act-of-2005-expungement-policy/codis-and-ndis-fact-sheet

Lineamientos L/001/2022 para la implementación y operación del Banco Nacional de Datos Forenses; del Registro Forense Federal; del Registro Nacional de Personas Fallecidas No Identificadas y No Reclamadas; del Registro Nacional de Fosas Comunes y de Fosas Clandestinas; y de la Base Nacional de Información Genética. DOF: 06-04-2023. https://www.dof.gob.mx/nota_detalle.php?codigo=5685024&fecha=06/04/2023

Evaluación de Evidencias Forenses Utilizando Relaciones de Verosimilitudes (LR). Daniel Ramos Castro. Escuela Politécnica Superior. Departamento de Tecnología Electrónica y de las Comunicaciones. Universidad Autónoma de Madrid. España. http://arantxa.ii.uam.es/~dramos/files/2011_02_24_seminariosPruebaDocumental_v2.pdf

Interpol. https://www.interpol.int/es/Como-trabajamos/Bases-de-datos

La valoración estadística de la prueba de ADN para juristas. Lourdes Prieto y Ángel Carracedo. https://lourditas.com/docs/

papers/forensics-spanish/Prieto-Carracedo-2013-LRpara-juristas.pdf

Privacidad e identificación forense de personas desaparecidas: Análisis jurídico sobre el intercambio de datos personales con fines de identificación humana. (2021). Diego García Ricci. Deutsche Gesellschaft für Internationale Zusammenarbeit (GIZ) GmbH. «Fortalecimiento del Estado de Derecho en México II (FED II)». México. https://www.infocdmx.org.mx/images/PDF/2021/Privacidad-e-identificacion.pdf

Sobre la autora

Ana Lourdes Rojo Nava es Bióloga egresada de la Escuela Nacional de Ciencias Biológicas del Instituto Politécnico Nacional; tiene el grado de Maestra en Ciencias Penales y Criminalística por la Facultad de Derecho de la Barra Nacional de Abogados, y también el grado de Maestra en Gestión de Calidad por la Universidad del Valle de México.

La autora fue perito en genética forense durante casi 18 años en la Dirección General de Servicios Periciales de la actual Fiscalía General de la República, y por casi 8 años se desempeñó como asesora de calidad en la disciplina de genética forense en el Programa Forense de México-ICITAP (*Investigation Training Assistance Programme*) y como auditora de ANAB (*ANSI National Accreditation Board*). Colaboró en el artículo *Population data for 15 loci (Identifiler® Kit) in a sample from the Valley of Mexico* (2005) y en la *Guía para la valoración judicial de la prueba pericial en materia de genética* (2022).

Ha tenido la fortuna de trabajar al lado de grandes profesionales como el QFB Eduardo Ríos Barrios (†), el QFB Alfonso Luna Vásquez, el Ing. Miguel Oscar Aguilar Ruiz, así como con varios coordinadores y peritos de los laboratorios forenses adscritos a las fiscalías estatales de México.

EDIQUID

www.ingramcontent.com/pod-product-compliance
Lightning Source LLC
LaVergne TN
LVHW051124051026
849532LV00004BB/1667
* 9 7 8 9 5 6 4 2 4 1 7 5 3 *